주머니 속

나무
도감

◼ 지은이 소개

최호는 서울대학교 산림과학부(학사)와 환경교육협동과정(석사)을 졸업했고, 현재 같은 대학교 생물교육과 식물습지생태연구실에서 박사학위 과정 중에 있습니다. 2006년 9월부터 2008년 12월까지 생태 전문지 『자연과 생태』에 '나무 식별하기' 코너를 연재했으며, 식물 생태 조사와 나무 팻말 달기 등의 용역을 여러 차례 수행했습니다. 자연을 사람들에게 알리는 소모임 '들꽃세상'과 '나무지기'에서 활동하고 있습니다.(이메일 forestho1@naver.com)

임효인은 서울대학교 산림과학부에서 학사와 석사를 마치고, 강원대학교 산림자원학과에서 박사학위 과정 중에 있습니다. 현재 국립산림과학원 산림유전자원과에서 국내 희귀·멸종 위기종과 유용 산림 유전자원의 체계적 수집, 평가, 보존, 관리에 대한 연구를 하고 있습니다. 자연을 사람들에게 알리는 소모임 '나무지기'에서 활동하고 있습니다.(이메일 iistorm@empal.com)

들꽃세상은 자연을 함께 즐기고, 공부하는 모둠입니다. 그 즐거움을 사람들에게 알리고자 자료를 모으며, 자연 해설 등의 활동을 하고 있습니다.(홈페이지 http://flworld.com)

◼ 일러두기

1. 우리 나라에서 자생하거나, 외국에서 들어 와 흔히 심기는 나무를 포함해 총 552종류를 실었습니다.
2. 과와 속, 나무의 이름은 국가표준식물목록(www.nature.go.kr/kpni)을 기준으로 했으며, 몇 가지는 지은이의 견해에 따라 수정했습니다.
3. 과와 속의 순서는 하인리히 엥글러(Heinrich Gustav Adolf Engler) 분류 체계에 따른 『원색 대한식물도감』(이창복, 2003)을 기준으로 배열했으며, 속 안에서는 지은이의 주관에 따라 배치했습니다.
4. 이해하기 어려운 한자어는 가능한 한 우리말로 순화하여 사용했습니다.
5. 꼭 알아야 하는 나무 식별 방법과 용어에 대해서는 책 앞부분에 실었습니다.
6. 모습이 비슷하여 식별하기 어렵거나 이름이 헷갈리는 경우는 함께 묶어서 비교했으며, 필요하면 검색표를 넣었습니다.

◼ 주로 참고한 책

국립수목원, 『식별이 쉬운 나무 도감』, 2010, 지오북.
윤주복, 『나무 쉽게 찾기』, 2004, 진선출판사.
이동혁, 『오감으로 찾는 우리 나무』, 2007, 도서출판 이비컴.
이창복, 『원색 대한식물도감』, 2003, 향문사.
장진성 등, 『한국동식물도감 제 43권 식물편(수목)』, 2011, 교육과학기술부.
Flora of Korea Editorial Committee, *The genera of vascular plants of Korea*, 2007, Academy Publishing Co.

생태 탐사의 길잡이 **11**

주머니 속

나무
도감

최호·임효인 글　들꽃세상 사진

황소걸음
Slow&Steady

펴낸날 2012년 3월 15일 초판 1쇄
2023년 11월 30일 초판 4쇄
지은이 최호 · 임효인
만들어 펴낸이 정우진 강진영 김지영
꾸민이 Moon&Park(dacida@hanmail.net)
펴낸곳 121–856 서울 마포구 토정로 222 한국출판콘텐츠센터 420호
편집부 (02) 3272–8863
영업부 (02) 3272–8865
팩 스 (02) 717–7725
이메일 bullsbook@hanmail.net / bullsbook@naver.com
등 록 제22–243호(2000년 9월 18일)
ISBN 978–89–89370–77–2 06480

황소걸음
Slow&Steady

© 최호 · 임효인, 2012

나무를 아는 즐거움 나눠요

어릴 때부터 자연에서 노는 것이 즐거웠습니다. 이름도 알지 못하는 들풀의 씨앗을 화분에 심어 기르고, 사슴벌레를 잡겠다며 나무에 꿀을 바르고 한참을 기다리기도 했습니다. 좋아하는 자연에 대해서 더 알고 싶어 산림과학부에 진학했고, 나무와 인연을 맺기 시작했습니다. 나무의 세계는 알면 알수록 신기하고 흥미로웠습니다.

나무 공부에 한창 빠졌을 때, 아이들의 숲 체험 인솔 교사를 맡은 적이 있습니다. "딸기와 닮았죠? 산에 자라는 딸기라서 산딸기라고 해요. 먹어 보세요. 얼마나 맛있는지!" 숲에 있는 나무들의 이름과 특징을 알려 주고, 놀이도 함께 했습니다. 저녁이 되어 아이들에게 일기를 쓰라고 했습니다. 한 아이는 이렇게 썼습니다. "나무를 아는 것이 이렇게 재미있는지 몰랐어요. 앞으로 계속 공부할래요." 저는 막 신이 났습니다. 그리고 생각했습니다. '나무를 아는 즐거움을 다른 사람들과도 함께하고 싶다. 그래! 내가 할 일은 이 즐거움을 알리는 거야.'

나무를 아는 즐거움을 여러분과 나누고 싶습니다. 솔방울이 어디에 달리는지 자세히 살펴보세요. 꼭 가지 중간에 달립니다. 1년 동안 소나무를 세심히 살펴보면 그 까닭을 알 수 있습니다. 그 때는 "아하!" 소리가 저절로 나올 거예요. 정말 고운 색깔을 보고 싶다면 철쭉이 피는 5월에 숲으로 가세요. 정원에 흔히 심는 산철쭉이나 그 원예 품종 말고 우리 나라 철쭉 말이에요. 그 은은한 연분홍에 빠져들지 않고는 배기지 못할 겁니다. 나무는 계절의 변화를 더 실감나게 해 줍니다. 같은 봄꽃이라도 순서가 있습니다. 풍년화가 겨울이 끝났음을 알리면 이어서 매실나무와 산수유가 봄이 시작됨을 알립니다. 곧이어 살구나무, 개나리, 진달래가 꽃을 피우고, 이 때 즈음이면 숲으로 나들이 가서 진달래 샐러드를 먹어도 좋겠네요. 벚꽃이 피면 완연한 봄입니다.

이런 즐거움은 나무의 이름을 아는 것에서 시작합니다. '그 많은 나무 이름을 언제 다 알지? 생김새도 비슷한데…….' 물론 처음에는 어렵다고 느낄 수 있습니다. 하지만 끈기를 가지고 하나씩 차근차근 알아 가다 보면 어느새 이름을 불러 줄 나무가 많아짐을 느낄 것입니다. 처음에는 조금 힘들 수도 있지만, 곧 즐거움으로 그 어려움을 모두 잊어버릴 것을 확신합니다.

제가 나무의 이름을 부를 때 주로 살펴보는 모습과 그 나무에 대한 느낌을 담아 이 책을 만들었습니다. 사람들이 나무를 쉽게 알았으면 하는 바람과 나무를 아는 즐거움을 나누고 싶다는 마음도 함께 담았습니다.

책이 나오기까지 많은 도움을 받았습니다. 저에게 식물에 대한 가르침을 주신 장진성·김재근 교수님께 감사드립니다. 함께 나무를 공부한 누나 박하늘, 동생 김현욱, 들꽃세상·나무지기·숲애·식물습지생태연구실·식물분류학실험실의 친구들 역시 큰 힘이 되었습니다. 아낌없이 자료를 제공해 준 들꽃세상의 김종기·송혜인·이존국·엄동원 선생님께 고마움을 전합니다. 원고가 늦어지는데도 불평 없이 기다려 주고 격려해 주신 도서 출판 황소걸음에 감사드립니다. 그리고 초판 발행 후 여러 의견 주신 분들께도 감사드립니다. 이 책의 내용은 제가 스스로 알아낸 것보다 앞선 선배님들의 가르침에서 얻은 것이 훨씬 많습니다. 주로 참고한 가르침을 2쪽에 적었으며, 이분들에게도 감사의 말을 전합니다. 마지막으로 하나님께 감사드립니다.

최호, 임효인

차례

나무 공부 수칙

1. 너무 욕심내지 말 것! 일단 230종을 목표로

우리 나라에 자라는 나무들은 외국에서 들여 와 흔히 식재하는 것까지 합하여 약 1230종이다. 하지만 이 중 절반은 수가 적고 분포가 한정되어 거의 볼 수 없거나, 아주 작은 차이에 따른 변종 혹은 아종이다. 따라서 600종이 최종 목표지만, 이 역시 부담되는 숫자다. 다행히 나무는 같은 속(genus)끼리 거의 모습이 비슷해서 한 속에 포함되는 중요한 몇 종만 알면 그때 그때 도감이나 기타 자료를 활용해 충분히 알 수 있다. 600종 안에서 중요한 속을 나열하면 230개다. 이 정도면 해 볼 만하지 않을까?

2. 소속을 함께 알아 둘 것! 과와 속

휴대폰에 전화번호를 저장할 때 모둠별로 모아 두면 편리하다. 나무도 마찬가지다. 많은 나무를 순서 없이 뒤죽박죽 기억하다 보면 곧 한계에 부딪힌다. 나무는 같은 속끼리 이름과 모습, 생태, 용도가 비슷하다. 속과 이보다 한 단계 높은 과(family)를 함께 기억하면 훨씬 수월해진다.

3. 기초적인 용어를 알아 둘 것!

도감이나 나무 공부 자료를 살펴보면 여러 가지 용어가 나온다. 그 용어를 이해하지 못하고 나무 이름을 아는 것은 비슷한 그림 맞추기일 뿐이다. 너무 많이 알 필요도 없이 중요한 몇 가지만 알면 충분하다. 이 책의 「이 나무 이름을 어떻게 알지?」를 참고하자.

4. 여러 가지 모습을 종합하여 판단할 것!

봄철의 화려한 개나리를 모르는 사람은 없을 것이다. 하지만 개나리를 노란 꽃으로만 기억한다면 한 해 중 개나리를 알아볼 수 있는 시기는 아주 잠시뿐이다. 게다가 개나리와 꽃은 똑같지만 다른 나무도 있다. 나무를 볼 때는 적어도 '전체 모양, 나무껍질, 잎, 꽃, 열매, 겨울눈'을 함께 고려해야 한다. 한 가지로 판단할 때는 추측이지만, 여러 가지 증거를 보고 내린 결론에는 확신할 수 있다.

5. 변이의 가능성을 고려하라!

나무는 생물인지라 같은 종 안에서도 각각 개성이 있다. 같은 나무라도 나이와 사는 곳에 따라 다양한 모습을 보일 수 있다. 아까시나무는 어릴 때 가시가 크고 많지만, 나이가 들면 작거나 거의 없는 경우가 많다. 마가목은 보통 작은키나무로 자라지만, 울릉도와 제주도에서는 둘레가 한 아름이나 되는 큰키나무로 자라기도 한다. 이렇게 같은 종이라도 다른 특징이 나타나는 것을 변이라고 한다. 특히 길이나 너비 등 크기에 대해서는 그 틀을 깰 필요가 있다.

6. 계절에 따른 변화를 연결해 기억하라!

나무는 속도가 느리지만 계절에 따라 변한다. 이런 변화를 연결해 공부하면 훨씬 재미있고 기억하기도 쉽다. 개나리의 잎과 꽃이 나오는 곳이 다른 까닭은 잎과 꽃을 만드는 겨울눈이 따로 있기 때문이고, 이른 봄에 쪽동백나무의 가지가 매끈한 까닭은 지난해에 껍질이 벗겨졌기 때문이다.

7. 억지로 외우기보다 반복해서 보자!

나무의 모습과 이름을 억지로 외우는 것은 힘들고 지루한 일이다. 물론 그 효과는 빠를 수 있지만, 흥미가 없으면 오래 가기 힘들다. 그보다 천천히 반복해서 경험하며 저절로 외워지도록 하는 방법을 추천한다. 급하게 뛰어갈 필요는 없다. 천천히, 꾸준히 가는 것이 중요하다.

8. 나무 이름의 유래, 관련된 이야기, 용도를 함께 공부하자!

자두나무는 자주색 복숭아란 뜻이 있는 '자도'가 변한 말이다. 진달래로 술이나 전, 화채를 만들어 먹어 보자. 나무 이름의 유래, 관련된 옛날이야기, 용도 등 흥미로운 이야기를 함께 다루면 나무 공부가 더욱 쉽고 즐겁다.

9. 팻말에 너무 의존하지 마라!

팻말이 있으면 자신이 결정한 것을 점검할 수 있기 때문에 나무를 공부하기 쉽다. 하지만 팻말을 보고 나중에 특징을 확인하는 것은 편한 대신 발전이 없는 방법이다. 이런 방법으로는 처음 보거나 팻말이 없는 나무의 이름은 알기 어렵다. 틀리더라도 직접 관찰하고 도감과 비교하면서 스스로 판단하는 과정을 거쳐야 기억에 오래 남는다. 게다가 수목원이나 공원 등에도 잘못된 팻말이 의외로 많으니 주의해야 한다.

10. 기록을 남기자!

야외에서는 나무 이름을 판단하기에 충분한 자료가 없을 수 있으므로, 기록하여 실내에서 확인하는 과정이 필요하다. 직접 글을 쓰거나 그림을 그릴 수도 있다. 사진은 대상을 빠르고 정확하게 기록할 수 있는 수단이니, 전체부터 세부까지 다양한 모습을 담자. 가장 좋은 기록 수단은 잎이나 꽃, 열매가 달린 작은 가지를 잘라서 채집하는 것이다. 전문가에게 문의할 때도 사진이나 글보다 채집한 식물체를 보여 주는 것이 가장 확실하다. 하지만 채집은 나무를 훼손하는 행위이므로 가장 적게 하고, 수목원이나 국립공원 등에서는 채집할 수 없다는 것을 잊지 말자.

이 나무 이름을 어떻게 알지?

☐ 관찰한 곳

먼저 나무를 관찰한 장소를 생각해 볼 필요가 있다. 장소에 상관없이 자라는 나무들도 있지만, 대부분 저마다 사는 곳이 정해져 있기 때문이다. 소나무는 바다에서 멀리 떨어진 육지 안쪽에서 자라지만, 곰솔은 바닷가나 바다와 가까운 곳에서 자란다. 서어나무는 전국의 숲에 자라지만, 개서어나무는 따뜻한 전라도와 경상도 이남에서 자란다. 같은 숲에서도 자라는 곳이 달라 서어나무는 계곡부터 산비탈에 걸쳐 자라지만, 개서어나무는 주로 계곡 근처에서 자란다. 제주도 한라산에서 자라는 솔비나무, 참꽃나무처럼 특이한 곳에서만 발견되는 나무도 있다. 따라서 관찰한 곳과 나무의 자연 서식지를 연결해서 생각해야 한다.

　하지만 인위적으로 식재한 것이라면 조금 복잡해진다. 나무의 서식지와 상관없이 어느 곳에서나 관찰할 수 있기 때문이다. 따라서 관찰한 나무가 인위적으로 식재한 흔적이 있는지 살펴봐야 하며, 무슨 나무를 어느 지역에 흔히 식재하는지 알아야 한다. 식재하는 나무로는 우리 나라에 자연적으로 자라는 자생나무와 외국에서 들여 온 외래나무가 있다. 나무를 관찰한 곳이 사람의 손길이 닿지 않은 깊은 숲 속이라면 외래나무는 일단 제외하고 생각하는 것이 옳다.

전체 모양

나무는 전체 모양에 따라 원줄기가 뚜렷한 큰키나무와 작은키나무, 아래부터 줄기가 여러 개로 갈라지는 떨기나무로 나눌 수 있다. 큰키나무는 보통 10m 이상, 떨기나무는 5m 이하, 작은키나무는 그 중간쯤으로 자란다. 이외에 다른 나무나 담장을 타고 기어오르며 덩굴을 뻗는 덩굴나무가 있다. 간혹 경계가 모호한 나무가 있지만, 이 네 가지 식별은 나무 공부의 기본이 된다.

1 큰키나무(튤립나무) 2 작은키나무(동백나무) 3 떨기나무(진달래) 4 덩굴나무(등)

나무의 가지와 잎이 많이 달린 줄기의 윗부분을 수관이라 하는데, 어느 나무는 수관 모양이 독특하기 때문에 나무를 식별하는 데 도움이 되기도 한다.

1 낙우송 : 원뿔 모양이다. 2 느티나무 : 넓은 수관이 시원한 그늘을 만든다. 3 양버들 : 가지가 위로 뻗어 빗자루 같다.
4 능수버들 : 가지가 아래로 처진다.

☐ 나무껍질

나무껍질 모양이 특이한 경우 나무를 식별하는 데 큰 도움이 된다. 어느 나무는 나무껍질에 날카로운 가시가 있으며, 어느 나무는 껍질눈 모양이 독특하다. 껍질눈이란 줄기나 뿌리 표면에 있는 작은 구멍으로, 나무가 호흡하는 곳을 말한다. 특징 있는 나무껍질은 크게 아래의 여덟 가지 유형으로 나눌 수 있다. 어느 나무는 두 가지가 넘는 유형이 복합적으로 나타나기도 하며, 이외에 다른 유형이 있을 수 있다. 나무껍질이 별 특징 없어 보이는 나무도 자세히 들여다보면 일정한 패턴을 발견할 수 있을 것이다.

물박달나무 : 얇게 벗겨진다.

말채나무 : 갈라진다.

황벽나무 : 푹신한 코르크층이 발달한다.

주엽나무 : 가시가 있다.

느티나무 : 껍질눈의 모양이나 배열이 독특하다.

벽오동 : 독특한 색깔을 띤다.

노각나무 : 얼룩무늬가 있다.

서어나무 : 울퉁불퉁하다.

13

잎 – 넓은잎나무

잎은 나무를 식별하는 데 가장 쉽고 강력한 근거가 된다. 넓은잎나무와 바늘잎나무는 잎의 구조가 다르기 때문에 식별해서 생각할 필요가 있다. 넓은잎나무는 흔히 속씨식물을 의미하지만, 이 책에서는 은행나무나 메타세쿼이아와 같이 잎이 넓은 일부 겉씨식물까지 포함하여 생각했다. 바늘잎나무에는 넓은잎나무인 겉씨식물 몇 종을 제외한 모든 겉씨식물이 포함된다.

잎의 구조

잎은 크게 잎몸과 잎자루, 턱잎으로 구성된다. 잎몸은 납작하고 넓은 부분으로 위치에 따라 다시 잎끝, 잎가장자리, 잎아래로 나눌 수 있다. 잎자루는 잎몸과 가지를 연결하는 부분이다. 턱잎은 잎자루 아랫부분에 붙은 것으로, 나무에 따라 잎과 모양이 비슷하거나 가시 혹은 덩굴손으로 변한 것도 있다. 턱잎은 오랫동안 달려 있기도 하지만, 일찍 떨어지기 때문에 없는 것처럼 보이기도 한다. 잎맥은 잎몸을 지탱하며 물질의 이동 통로가 되는 관다발 조직을 의미하며, 톱니란 잎가장자리에 있는 뾰족뾰족한 이 하나하나를 말한다.

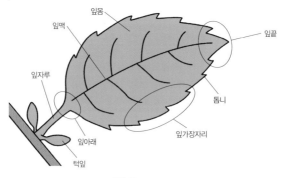

잎의 구조

잎가장자리의 모양

잎가장자리에 있는 톱니의 모양에 따라 부르는 용어가 많다. 하지만 바늘형, 파도형, 치아형 정도만 알아 두면 되고, 그 밖에 모양이 특이한 톱니는 머릿속에 그림으로 기억하면 충분하다. 톱니 모양과 별개로 톱니의 배열 상태에 따라 홑톱니와 겹톱니로 나누는데, 톱니가 두 개 이상 모여 다시 큰 톱니를 이루는 것을 겹톱니라 한다. 물론 톱니가 없는 나무도 있다.

바늘형, 홑톱니(상수리나무)　　파도형, 홑톱니(신갈나무)　　치아형, 겹톱니(팥배나무)　　톱니 없음(진달래)

잎몸의 모양

잎몸의 모양에 따라 부르는 용어가 많은데, 중요한 것 몇 가지만 알아 두면 된다. 타원형이 가장 일반적인 것으로, 잎몸 세로 방향의 중간 부분이 가장 넓은 것을 말한다. 아랫부분이 가장 넓으면 달걀형, 그 반대면 거꿀달걀형이다. 타원형과 비슷하지만 길이가 너비보다 두 배 이상 길면 긴타원형이다. 달걀형과 비슷하지만 끝이 뾰족하고 길이가 너비보다 몇 배 이상 긴 것을 피침형이라 하며, 그것을 거꾸로 놓으면 거꿀피침형이다. 그 밖에 손꼴형, 삼각형, 원형 등이 있다.

타원형(광대싸리)　　달걀형(물오리나무)　　거꿀달걀형(졸참나무)　　피침형(복사나무)

홑잎과 겹잎 식별하기

어느 나무의 잎몸은 깊게 갈라지기도 한다. 때로는 심하게 갈라져서 잎몸이 여러 부분으로 나뉘기도 하는데, 이런 잎을 겹잎이라 부른다. 이 때 갈라진 잎몸을 각각 작은잎이라 한다. 겹잎에서는 작은잎 여러 장이 모여 한 장의 잎을 이루며, 작은잎 각각을 잎으로 착각해서는 안 된다. 작은잎이 붙는 잎자루를 소잎자루라 하며, 소잎자루를 받치는 잎자루를 총잎자루라 한다.

홑잎(중국단풍) : 세 갈래로 갈라진다.

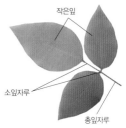

작은잎

소잎자루

총잎자루

겹잎(조록싸리)

겹잎의 종류

겹잎에도 여러 종류가 있다. 총잎자루의 끝에서 소잎자루 여러 개가 갈라지는 것을 손 모양과 닮았다 하여 손꼴겹잎이라 부른다. 손꼴겹잎 중에서 작은잎이 세 장인 것을 따로 구분하여 세겹잎이라 한다. 총잎자루의 중간부터 끝까지 소잎자루 여러 개가 갈라지는 것을 깃털 모양과 닮았다 하여 깃꼴겹잎이라 부른다. 깃꼴겹잎은 작은잎의 숫자에 따라 홀수깃꼴겹잎과 짝수깃꼴겹잎으로 나누며, 갈라지는 횟수에 따라 한번깃꼴겹잎, 두번깃꼴겹잎, 세번깃꼴겹잎으로 나누기도 한다. 보통 깃꼴겹잎이라 하면 한번깃꼴겹잎을 의미한다.

세겹잎(복자기)

짝수깃꼴겹잎(골담초)

두번홀수깃꼴겹잎
(두릅나무)

손꼴겹잎(칠엽수)

두번짝수깃꼴겹잎
(자귀나무)

홀수깃꼴겹잎(아까시나무)

잎차례

나무를 식별할 때는 잎이 달린 구조가 매우 중요하며, 이를 잎차례라 부른다. 넓은잎나무의 잎차례는 어긋나기, 마주나기, 돌려나기, 모여나기가 있다. 보통은 어긋나기이므로 마주나기인 나무를 알아 두면 된다. 마주나기를 하는 대표적인 모둠은 단풍나무과, 물푸레나무과, 인동과, 마편초과, 층층나무를 제외한 층층나무과, 까치밥나무속을 제외한 범의귀과, 노박덩굴과의 사철나무속이 있다. 돌려나기란 세 장이 넘는 잎이 돌아가며 가지의 한 곳에서 나는 것을 말한다. 주의해야 할 점은 돌려나기는 가지의 중간에서도 잎이 나야 한다는 것이며, 돌려나기와 비슷해 보이지만 가지의 맨 끝에서만 잎이 나는 것은 모여나기다. 모여나기는 어긋나기의 일종으로, 어긋나기에서 잎과 잎 사이의 거리가 극히 짧아지는 경우다. 따라서 어긋나기를 하는 나무는 동시에 모여나기를 하는 경우가 많다. 돌려나기를 하는 경우는 극히 드물며, 협죽도가 그 예다. 나무수국은 마주나기와 모여나기를 동시에 한다.

어긋나기(느티나무)

마주나기(쥐똥나무)

돌려나기(협죽도)

모여나기(철쭉)

홑잎이 마주나는 어린가지와 깃꼴겹잎 식별하기

홑잎이 마주나는 어린가지와 깃꼴겹잎을 혼동하기도 한다. 가지가 연하고 녹색이면 더 헷갈릴 수 있다. 이 때는 잎이나 작은잎이 달린 것이 가지인지, 총잎자루인지 보면 된다. 어린가지는 이듬해에도 계속 살아갈 부분이기 때문에 보통 강하고 두껍게 자라며, 특이한 경우를 제외하고는 곧 녹색에서 갈색으로 변한다. 그리고 잎겨드랑이(잎과 가지의 사이)에는 턱잎, 겨울눈, 꽃, 열매 등이 달리는 경우가 많다.

반면 총잎자루는 올 가을에 낙엽으로 떨어질 부분이기 때문에 보통 연하며, 끝까지 녹색을 유지한다. 잎겨드랑이와 달리 작은잎겨드랑이(작은잎과 총잎자루의 사이)에는 턱잎, 겨울눈, 꽃, 열매 같은 것이 달리지 않는다.

이것을 혼동하면 나무의 잎차례가 마주나기인지, 어긋나기인지 잘못 판단할 수 있다. 잎차례는 작은잎이 아닌 잎을 기준으로 생각해야 하며, 작은잎이 총잎자루에서 마주난다고 하여 잎차례를 마주나기로 판단해서는 안 된다. 즉 작은잎이 모인 겹잎을 하나의 잎으로 하고, 그 잎의 배열 상태를 살펴봐야 한다.

1 홑잎이 마주나는 어린가지 : 잎이 달린 어린가지는 보통 강하며, 갈색으로 변한다. 2 깃꼴겹잎 : 작은잎이 달린 총잎자루는 보통 연하고, 끝까지 녹색이다. 3 잎겨드랑이(광나무) : 겨울눈이 있다. 4 작은잎겨드랑이(다릅나무) : 겨울눈이 없다. 5 홑잎이며 마주나기를 하는 회나무. 6 깃꼴겹잎이며 어긋나기를 하는 아까시나무.

18

잎 – 바늘잎나무

잎몸의 모양

바늘잎나무의 잎몸은 크게 선형, 바늘형, 비늘형으로 나눌 수 있다. 선형은 잎이 길쭉하고 단면이 납작하여 앞면과 뒷면을 구분할 수 있다. 바늘형은 선형과 비슷하지만 단면이 입체적이어서 앞면과 뒷면을 구분할 수 없으며, 보통은 잎끝이 뾰족하다. 바늘형과 선형의 구분이 모호한 나무도 간혹 있다. 비늘형은 크기가 작으며, 물고기의 비늘처럼 겹쳐지는 모양이다.

잎차례

다발나기는 잎 2~5개가 한 뭉치로 나는 것을 말하며, 소나무과의 소나무속이 이에 해당한다. 겹쳐나기는 잎이 서로 포개져 줄기를 감싸는 것을 말하며, 겹쳐나기를 하는 잎의 잎몸은 모두 비늘형이다. 모여나기, 돌려나기, 어긋나기는 넓은잎나무와 같은데, 여섯 개가 넘는 잎이 한 뭉치로 줄기 끝에서 나면 모여나기, 세 개가 넘는 잎이 줄기 중간과 끝에 돌아가면서 나면 돌려나기, 잎 한 개가 줄기에 무질서하게 나면 어긋나기다. 다발나기, 겹쳐나기, 모여나기, 돌려나기가 아니면 어긋나기라고 생각해도 무방하다.

1 선형, 어긋나기(비자나무). 2 바늘형, 모여나기(개잎갈나무). 3 바늘형, 돌려나기(노간주나무).
4 비늘형, 겹쳐나기(편백). 5 바늘형, 다발나기(리기다소나무). 6 바늘형, 다발나기(소나무).

☐ 꽃

꽃의 구조

꽃은 크게 다섯 가지 구조로 구성된다. 꽃받기는 꽃 전체를 받치는 부분으로 꽃잎, 꽃받침잎, 암술, 수술이 부착된다. 암술은 암술머리와 암술대, 밑씨가 들어 있는 씨방으로 구성되며, 수술은 꽃밥과 수술대로 구성된다. 꽃잎과 꽃받침잎을 합쳐서 꽃덮이라 부른다. 암술은 한 개부터 여러 개까지 있을 수 있으며, 수술은 보통 여러 개가 있다. 씨방은 꽃받기 위쪽에 있는 것과 꽃받기 속에 묻힌 것이 있다. 꽃받기와 가지를 연결하는 대를 꽃자루라 부르며, 꽃이 달린 구조에 따라 소꽃자루와 총꽃자루로 나눈다.

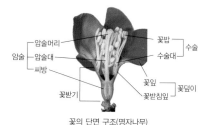

꽃의 단면 구조(명자나무)

총꽃자루와 소꽃자루(잔털벚나무)

꽃의 종류

꽃의 구조에 따라 부르는 용어가 여러 가지다. 꽃잎과 꽃받침잎, 수술, 암술이 모두 있는 것을 갖춘꽃, 이 가운데 하나라도 없는 것을 안갖춘꽃이라 한다. 암술과 수술 모두 있는 것을 양성꽃, 하나만 있는 것을 단성꽃, 둘 모두 없는 것을 중성꽃이라 한다. 암술만 있는 것을 암꽃, 수술만 있는 것을 수꽃이라 부른다. 암술과 수술이 모두 있는 양성꽃이지만 둘 중 한 가지가 우세하거나 한 가지 기능만 있는 것을 각각 암술우세꽃, 수술우세꽃이라 한다. 하지만 암술우세꽃과 암꽃, 수술우세꽃과 수꽃을 구분하지 않고 부르기도 한다. 꽃잎이 각각 떨어진 것을 갈래꽃, 붙은 것을 통꽃이라 부른다. 꽃잎이 한 겹인 것을 홑꽃, 여러 겹이라 꽃잎이 많은 것을 겹꽃이라 한다.

꽃차례

꽃은 보통 여러 송이가 모둠을 지어 핀다. 이 때 모둠 전체를 꽃이삭이라 부르며, 꽃이삭 안에서 꽃이 달리는 구조를 꽃차례라 한다. 꽃차례는 여러 가지가 있는데, 기본적인 것을 알아보면 다음과 같다.

총상꽃차례는 긴 총꽃자루의 중간과 끝에 소꽃자루 여러 개가 어긋나게 달리는 것이며, 원추꽃차례는 각각의 총상꽃차례인 꽃이삭이 다시 총상꽃차례 모양으로 붙어 전체적으로 원뿔 모양이 되는 것이다. 산형꽃차례는 길이가 거의 같은 소꽃자루가 총꽃자루의 한 지점에서 갈라지는 것이며, 이 것의 복합 형태가 겹산형꽃차례다.

산방꽃차례는 산형꽃차례와 달리 소꽃자루가 총꽃자루의 다른 부분에서 갈라지며 아래쪽에 달리는 것일수록 길이가 길어, 옆에서 보면 모든 꽃이 거의 동일한 높이에 달리는 것이다. 산방꽃차례의 복합 형태를 겹산방꽃차례라 한다. 취산꽃차례는 꽃자루 끝에 꽃이 있고 그 아래에서 소꽃자루 한 쌍이 마주나게 달리는 것이며, 이것의 복합 형태를 겹취산꽃차례라 한다.

두상꽃차례는 총꽃자루 끝에 소꽃자루 없이 꽃이 촘촘히 모여 피는 것이며, 꼬리꽃차례는 긴 총꽃자루 중간에 소꽃자루 없이 촘촘히 모여 피는 것이다. 꼬리꽃차례는 단성꽃으로 구성되며, 보통은 총꽃자루가 연하여 아래로 늘어진다.

1 총상꽃차례(다릅나무)
2 원추꽃차례(광나무)
3 산형꽃차례(산수유)
4 겹산형꽃차례(가막살나무)
5 겹산방꽃차례(참조팝나무)
6 겹취산꽃차례(회나무)
7 두상꽃차례(구슬꽃나무)
8 꼬리꽃차례(두메오리나무)

열매

열매는 나무를 식별하는 데 중요한 단서를 제공한다. 열매의 모양에 따라 많은 용어가 있는데, 열매 내부의 구조를 자세히 알지 못하면 식별하기 어렵다. 같은 모둠의 나무는 열매 모양이 비슷한 경향이 있다.

소나무과(솔방울열매)

소나무과 나무는 조금씩 모양이 다르지만 모두 솔방울 모양 열매가 달리며, 이런 열매를 솔방울열매라고 한다. 소나무과 외에 측백나무과, 낙우송과, 자작나무과의 오리나무속이 솔방울열매를 맺는다.

1 곰솔(소나무속)
2 독일가문비
(가문비나무속)
3 구상나무(전나무속)
4 일본잎갈나무
(잎갈나무속)

콩과(꼬투리열매)

콩과 나무는 콩깍지와 모양이 비슷한 열매가 달리며, 이런 열매를 꼬투리열매라 한다. 싸리속이나 족제비싸리속의 열매와 같이 길이가 짧거나, 씨가 하나씩 들어 있는 경우는 흔히 아는 콩깍지와 모습이 다를 수 있다. 하지만 이것도 꼬투리열매에 속한다.

1 땅비싸리
(땅비싸리속)
2 주엽나무
(주엽나무속)
3 칡(칡속)
4 족제비싸리
(족제비싸리속)

참나무과(견과)

우리가 흔히 아는 도토리처럼 껍데기가 단단한 열매를 견과라 한다. 참나무과 나무는 부분이나 전체가 깍정이에 싸인 견과를 맺는다. 이외에 자작나무과의 개암나무속, 자작나무속, 서어나무속이 견과를 맺는다.

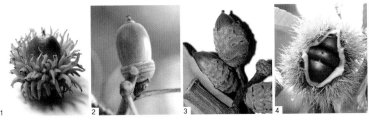

1 굴참나무(참나무속) 2 붉가시나무(참나무속) 3 구실잣밤나무(모밀잣밤나무속) 4 밤나무(밤나무속)

단풍나무과(시과)

긴 날개가 달린 열매를 시과라 한다. 단풍나무과 나무의 열매는 두 부분으로 나뉘며, 각각 긴 날개가 달린 시과를 맺는다. 날개 덕분에 씨는 바람에 멀리 날아갈 수 있다.

1 단풍나무(단풍나무속) 2 고로쇠나무(단풍나무속) 3 청시닥나무(단풍나무속) 4 복자기(단풍나무속)

진달래과 진달래속(삭과)

물기가 없고 익으면 여러 갈래로 열리며, 열리는 방마다 씨가 여러 개 들어 있는 열매를 삭과라고 한다. 진달래과의 진달래속 나무는 삭과가 다섯 개 열리며, 그 모양이 서로 비슷하다. 이외에 범의귀과의 수국속, 고광나무속, 말발도리속, 인동과의 병꽃나무속, 노박덩굴과, 아욱과 등 많은 모둠이 삭과를 맺는다.

1 진달래 2 산철쭉 3 철쭉 4 꼬리진달래

장미과 산딸기속(복과)

씨방 여러 개가 합쳐져 하나의 열매를 이루는 것을 복과라 한다. 복과는 기원이 되는 꽃의 개수에 따라 취과와 다화과로 나눌 수 있지만, 이 책에서는 구분하지 않는다. 장미과의 산딸기속은 우리가 흔히 먹는 딸기와 모양이 거의 비슷한 복과가 달린다. 이외에 뽕나무과가 복과를 맺으며, 참고로 파인애플 역시 풀이지만 복과에 해당한다.

1 산딸기 2 복분자딸기 3 곰딸기 4 장딸기

어린가지

어린가지란 만들어진 지 얼마 되지 않은 일년생이나 이년생 가지를 의미한다. 어린가지에는 여러 가지 자국과 겨울눈이 있어 나무의 이름을 알 수 있게 해 준다.

긴가지와 짧은가지

보통 가지는 한 해 동안 길게 자라며, 이것을 긴가지라 부른다. 하지만 간혹 한 해에 아주 짧게 자라며, 이것을 여러 해 거듭하면 짧은가지가 된다. 어느 나무는 긴가지만 있고, 어느 나무는 짧은가지와 긴가지가 동시에 있다. 짧은가지에서는 대부분 잎이 모여나기를 한다.

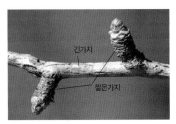

긴가지와 짧은가지(은행나무)

자국

어린가지에는 그 전에 달고 있던 것들의 자국이 남아 있다. 잎자루, 턱잎, 열매가 떨어진 흔적을 각각 잎자국, 턱잎자국, 열매자국이라 한다. 나무마다 독특한 자국이 있는데, 목련과 나무의 턱잎자국은 칼집처럼 가지를 한 바퀴 둘러 나며, 두릅나무과 나무의 잎자국은 초승달 모양이다. 겨울에 잎이 없어도 잎자국의 위치를 보면 잎차례를 알 수 있다.

열매자국 · 잎자국 · 턱잎자국 · 여러 가지 자국 (일본목련) · 잎자국 (두릅나무) · 잎자국 · 잎자국(철쭉) : 잎자국의 배열로 잎이 모여나기 했음을 알 수 있다.

골속

골속이란 가지 한가운데 들어 있는 연한 조직으로 비었거나, 막으로 나누어 졌거나, 색깔이나 질감이 특이한 경우가 있다.

개다래 : 흰색으로 꽉 찼다. 쥐다래 : 막으로 나누어졌다.

위치에 따른 겨울눈 식별하기

겨울눈은 겨울에 나무를 식별하는 데 핵심이다. 위치에 따라 가지 끝에 있으면 끝눈, 옆에 있으면 곁눈이다. 하지만 가지 끝에 있는 겨울눈이 모두 끝눈이 되는 것은 아니다. 끝눈이 되기 위해서는 가지 끝에 있으면서 가지와 직립하고, 겨울눈이 한 개나 세 개 있어야 한다. 가지 끝에 있지만 위의 조건을 만족하지 못하면 가짜끝눈이라 부르며, 사실상 곁눈이 가지 끝에 달린 것이라고 생각하면 된다. 가지 끝에 겨울눈이 세 개 있는 경우 가운데 것이 끝눈, 나머지는 곁눈이 된다. 간혹 곁눈 주변에 작은 겨울눈이 생기는 것을 덧눈이라 하며, 보통은 자라지 않지만 곁눈이 상하면 곁눈을 대신한다.

끝눈

끝눈

가짜끝눈

곁눈

곁눈

곁눈

덧눈

곁눈

끝눈과 곁눈
(칠엽수)

가짜끝눈
(당단풍나무)

가짜끝눈
(느티나무)

곁눈과 덧눈
(국수나무)

26

보호 방법에 따른 겨울눈 식별하기

나무는 겨울눈을 여러 가지 방법으로 보호한다. 보통은 비늘처럼 생긴 눈비늘로 겨울눈을 감싸며, 이것을 비늘눈이라 한다. 맨눈은 눈비늘 없이 그대로 노출되는 겨울눈이며, 털이 많고 자세히 보면 잎맥 같은 구조가 보인다. 가지 속이나 잎자루 안에 들어가서 보호 받는 것을 각각 묻힌눈, 잎자루안겨울눈이라 한다. 그 밖에 나무를 식별하는 데 도움이 되는 특징으로 겨울눈 밑에 대가 발달하는 경우가 있는데, 그 부분을 눈자루라고 한다.

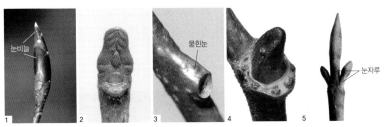

1 비늘눈(너도밤나무) 2 맨눈(쉬나무) 3 묻힌눈(다래) 4 잎자루안겨울눈(양버즘나무) 5 눈자루(산겨릅나무)

운명에 따른 겨울눈 식별하기

겨울눈은 무엇이 되느냐에 따라 합눈, 꽃눈, 잎눈으로 식별한다. 잎과 꽃이 동시에 자라는 것을 합눈, 둘 중 하나만 자라는 것을 각각 잎눈과 꽃눈이라 부른다. 나무에 따라 합눈만 있거나, 꽃눈과 잎눈이 따로 있기도 하다. 단성 꽃을 피우는 나무는 수꽃눈과 암꽃눈이 따로 달리기도 하며, 이 가운데 하나가 잎눈과 합쳐지기도 한다. 보통은 꽃눈이 잎눈보다 크고 둥글다. 꼬리꽃차례가 있는 나무 중에는 꽃이삭처럼 생긴 길쭉한 꽃눈이 달린 것도 있다.

27

기타

이 밖에 여러 가지가 나무를 식별하는 데 도움이 된다. 진달래와 철쭉은 모양도 다르지만 꽃이나 잎이 피는 시기로 식별할 수 있는데, 진달래가 철쭉보다 먼저 꽃이 핀다. 그래서 진달래는 꽃이 잎보다 먼저 피고, 철쭉은 잎과 꽃이 동시에 핀다. 다른 나무들은 아직 앙상한 이른 봄의 숲에서 한 나무만 잎이 나고 있다면 귀룽나무일 가능성이 크다. 어느 나무는 독특한 냄새가 나는데, 생강나무는 잎이나 꽃을 찢으면 향긋한 냄새가, 귀룽나무는 가지를 꺾으면 한약 달이는 냄새가 난다. 두충은 잎이나 열매를 찢으면 점액질이 있어실 같은 것이 늘어진다. 어느 나무에는 특이한 벌레가 자라기도 하는데, 때죽납작진딧물의 벌레집은 때죽나무속 나무에 생긴다.

1 진달래 : 꽃이 잎보다 먼저 핀다. 2 철쭉 : 꽃과 잎이 동시에 핀다. 3 귀룽나무 : 새순이 일찍 돋는다.
4 생강나무 : 잎을 찢으면 향긋한 냄새가 난다. 5 두충 : 잎을 찢으면 실 같은 것이 늘어진다.
6 때죽나무 : 모양이 독특한 벌레집이 생기는 경우가 많다.

여러 가지 나무

겉씨식물

1 전체 모양(3월) : 잎은 줄기 끝에 모여난다.

소철과 소철속 | **소철**

줄기는 가지가 없이 하나로 자라며, 윗부분은 낙엽
이 지고 남은 잎자루 아랫부분으로 덮여 있다. 잎은
줄기 끝에 여러 장이 모여난다. 암수딴그루로 암꽃
은 둥글게, 수꽃이삭은 긴 원통 모양으로 줄기 끝에
모여 달린다. 제주도 이외 지역은 실내에서만 겨울
을 날 수 있다.

늘푸른작은키나무

- 제주도에 식재
- 모여나기
- 깃꼴겹잎, 50~100cm
- 6~8월
- 10월

2 암꽃(8월) 3 열매(3월) : 둥글납작한 씨는 붉은색이고, 지름이 약 4cm며, 겉으로 드러난다. 4 수꽃(8월)
5 잎 뒷면(8월). 6 줄기(6월)

31

1 전체 모양(10월) : 가을에 노란색으로 단풍이 든다.   2 잎 뒷면(8월).   3 나무껍질(5월)

은행나무과 은행나무속 | 은행나무(행자목)

잎은 올해 자란 긴가지에서는 어긋나지만, 짧은가지 끝에서는 모여난다. 암수딴그루로 꽃은 짧은가지 끝에 달린다. 암꽃은 두 송이씩 달리지만 보통 한 송이가 열매로 자라며, 수꽃이삭은 꼬리 모양이다. 씨를 싸는 육질의 겉부분은 고약한 냄새가 나고, 만지면 피부병을 일으키기도 한다.

갈잎큰키나무

- 🌏 전국에 식재
- 🌿 모여나기(짧은가지), 어긋나기(긴가지)
- 🍃 부채형, 3~5cm
- 🌸 4~5월
- 🍂 10월

4 암꽃(5월) 5 수꽃(5월) 6 열매(10월) : 노란색으로 익는다. 7 어린가지와 겨울눈(12월) : 짧은가지 끝에 잎자국이 모여 있다. 8 씨(11월) : 딱딱한 껍데기를 벗기고 속을 먹는다. 9 천연기념물 175호 경북 안동시 용계리 은행나무(4월) : 은행나무는 수명이 길고 크게 자라서, 여러 그루가 보호수로 지정되었다.

33

잎이 어긋나는 주목과, 개비자나무과, 소나무과(전나무속, 가문비나무속, 솔송나무속) 식별하기

| 개비자나무 | 주목 | 비자나무 | 독일가문비 |

| 솔송나무 | 전나무 | 일본전나무 | 구상나무 |

어린가지

개비자나무　주목　비자나무　독일가문비　솔송나무　전나무　일본전나무　구상나무

잎 뒷면

검색표

1. 어린가지는 2~3년 동안 녹색을 유지한다.
   2. 잎 뒷면에 숨구멍줄 2개는 흰색이다. -- 개비자나무(38쪽)
   2. 잎 뒷면에 숨구멍줄 2개는 연두색 혹은 황백색이다.
      3. 잎 뒷면에 연두색 숨구멍줄의 너비는 가운데 돌출된 부분보다 2배 이상 넓다.
         -- 주목(36쪽)
      3. 잎 뒷면의 황백색 숨구멍줄의 너비는 가운데 돌출된 부분보다 좁거나 같다.
         -- 비자나무(37쪽)

1. 어린가지는 1년이 지나면 갈색으로 변한다.
   4. 잎은 앞면과 뒷면이 구분되지 않으며, 어린가지 표면이 갈라진다.
      -- 독일가문비(42쪽)
   4. 잎은 앞면과 뒷면이 구분되며, 어린가지 표면이 갈라지지 않는다.
      5. 잎자루가 뚜렷하게 발달한다. -- 솔송나무(43쪽)
      5. 잎자루가 거의 발달하지 않는다.
         6. 잎끝이 갈라지지 않으며 뾰족하다. -- 전나무(39쪽)
         6. 잎끝이 2개로 갈라지거나 둥글다.
            7. 잎끝이 2개로 뾰족하게 갈라진다. -- 일본전나무(39쪽)
            7. 잎끝이 2개로 갈라지거나 갈라지지 않으며 둥글다. -- 구상나무(40쪽)

암꽃

1 열매(9월) : 붉은색으로 익는다. 2 암꽃(4월) 3 수꽃(4월) 4 나무껍질(7월) : 적갈색이며, 세로로 얇게 벗겨진다.
5 전체 모양(7월). 6 가지치기한 전체 모양(12월) : 조경수는 보통 원뿔 모양으로 가지치기한다.

<table>
<tr><td>주목과 주목속 | 주목(적목, 노가리나무)</td><td>늘푸른큰키나무</td></tr>
</table>

주목과 주목속 | 주목(적목, 노가리나무)

잎 뒷면에 연두색 숨구멍줄이 두 개 있다. 암수딴그루 혹은 암수한그루로 암꽃은 겨울눈처럼 생겼으며, 수꽃은 비늘조각 여섯 개에 싸여 있다. 씨를 싸는 육질의 껍질에는 구멍이 뚫렸다. 성장이 매우 느리며, 목재는 잘 썩지 않아 '살아서 천 년, 죽어서천 년'이라고 한다.

늘푸른큰키나무

- 백두대간 숲의 높은 곳에 자생, 전국에 식재
- 어긋나기
- 선형, 1.5~2.5cm
- 4월
- 8~9월

36

1 잎(9월) 2 어린 열매(9월) : 꽃가루받이가 되고 약 5개월이 지난 것이다. 3 열매(7월) : 지난해에 꽃가루받이 된 것이며, 녹색을 거쳐 붉은색으로 익는다. 4 씨(10월) 5 잎 뒷면(10월) : 황백색 숨구멍줄이 2개 있다. 6 전체 모양(8월).

늘푸른큰키나무

🌲 내장산 이남의
숲에 자생,
남쪽 지방에 식재

🍃 어긋나기

🌿 선형, 2~3cm

📷 4월

🍂 이듬해 9~10월

주목과 비자나무속 | **비자나무**

어린가지는 몇 해 동안 녹색을 유지하며, 잎은 단단하고 끝이 날카롭다. 암수딴그루로 암꽃은 햇가지의 아래, 수꽃은 지난해 가지의 잎겨드랑이에 달린다. 씨는 구충제로 이용한다. 남쪽 지방에 자라며 자생지 여러 곳이 보호 지역으로 지정되었다. 개비자나무는 잎이 상대적으로 부드럽다.

1 전체 모양(4월).　2 어린 열매(11월) : 꽃가루받이 된 지 약 7개월이 지난 것이다.　3 수꽃(4월)
4 열매(9월) : 지난해에 꽃가루받이 된 것이며, 붉은색으로 익는다.

개비자나무과 개비자나무속 | **개비자나무**

나무껍질이 세로로 갈라지며, 어린가지는 몇 해 동
안 녹색을 유지한다. 선형 잎은 끝이 뾰족하지만 부
드러워 찔려도 아프지 않다. 뒷면에는 흰색 숨구멍
줄이 두 개 있다. 암수딴그루로 연녹색 암꽃은 가지
끝에 달리며, 수꽃은 가지의 잎겨드랑이에 달린다.

늘푸른떨기나무

- 🗺 경기도 이남의
  숲에 자생
- 🍃 어긋나기
- 🍂 선형, 2~4cm
- 🌸 4월
- 🍒 이듬해 9~10월

38

1 수꽃(4월) : 황록색으로 지난해 가지에 달린다. 2 전체 모양(4월). 3 열매(7월) : 나무 꼭대기 부분에 위를 향해 달린다.
4 잎과 겨울눈(3월) : 잎 뒷면에 흰색 숨구멍줄이 2개 있다. 5 나무껍질(6월) : 불규칙하게 갈라진다.

늘푸른큰키나무

- 🏔 전국의 숲 해발 1500m 이하에 자생, 전국에 식재
- 🍃 어긋나기
- 🌿 선형, 약 4cm
- 🌸 4~5월
- 🍂 10월

소나무과 전나무속 | 전나무(젓나무)

잎이 단단하고 뾰족하여 찔리면 아프다. 씨가 성숙하면 곧 솔방울 조각이 바람에 흩어지기 때문에 관찰하기 힘들다. 보통 같은 속의 구상나무, 분비나무보다 고도가 낮은 지역에 자란다. 일본에서 들여 와 전국에 식재하는 일본전나무는 잎끝이 두 개로 갈라지며 뾰족하다.

1 전체 모양(6월) : 숲 정상에서는 줄기가 구부러져 자란다. 2 수꽃(6월) : 지난해 가지에 불규칙하게 달린다.
3 암꽃(6월) : 지난해 가지에 위쪽을 향해 달린다.

소나무과 전나무속 | 구상나무

열매의 색깔에 따라 품종을 식별하여 검은구상, 붉은구상, 푸른구상으로 부르기도 한다. 분비나무와 아주 비슷한데 구상나무는 열매의 돌기가 처음부터 아래로 젖혀지고, 분비나무는 씨가 성숙한 뒤에 젖혀진다. 한라산, 덕유산, 지리산 이외에서 관찰되는 것은 분비나무라고 할 수 있다.

늘푸른큰키나무

- 🌏 한라산, 덕유산, 지리산의 높은 곳에 자생, 전국에 식재
- 🍃 어긋나기
- 🌿 선형, 1~2cm
- 🌸 5~6월
- 🍂 9~10월

4 잎(11월) : 끝이 둥글고, 뒷면에 흰색 숨구멍줄이 2개 있다. 5 열매(7월) : 성숙하면 길이가 4~6cm 된다.
6 분비나무의 열매(7월). 7 열매(9월) : 씨가 성숙하면 곧 솔방울 조각이 바람에 흩어진다. 이는 전나무속 나무의
공통점이다. 8 **붉은구상**의 암꽃(6월).

1 수꽃(4월) 2 암꽃(4월) : 작은 열매처럼 생겼다. 3 열매(12월) 4 열매(11월) 5 전체 모양(4월) : 가지가 아래로 처지다가 끝이 다시 올라간다. 6 나무껍질(12월) : 불규칙하게 갈라진다.

소나무과 가문비나무속 | **독일가문비**(긴방울가문비)

잎의 단면이 마름모꼴이다. 열매는 길이가 10~15cm로, 전나무속 나무와 달리 아래를 향해 달리고 솔방울 조각도 끝까지 남는다. 우리 나라에 자생하는 가문비나무는 지리산, 덕유산, 계방산의 높은 곳에 몇 개체가 있는데, 잎이 납작하고 열매가 4~7.5cm로 작다.

늘푸른큰키나무

- 🔲 전국에 식재
- 🔲 어긋나기
- 🔲 바늘형, 1~2.5cm
- 🔲 4~5월
- 🔲 10월

1 잎과 수꽃(4월) : 잎은 가지에 돌아가며 나거나, 좌우로 나란히 달린다. 2 잎 뒷면(6월). 3 열매(11월). 4 새순(4월)

늘푸른큰키나무

- 🗺 울릉도에 자생
- 📙 어긋나기
- 🌿 선형, 1~2cm
- 🌸 4~5월
- 🍂 10월

소나무과 솔송나무속 | **솔송나무**

잎 뒷면에는 흰색 숨구멍줄이 두 개 있으며, 길이 0.1~0.3cm인 잎자루가 잎몸과 뚜렷하게 구분된다. 열매는 아래를 향해 달리고 길이는 2~2.5cm다. 우리 나라에는 울릉도에만 자생하며, 태하리의 자생지가 천연기념물로 보호된다.

1 전체 모양(11월). **2** 나무껍질(5월) : 불규칙하게 갈라진다. **3** 어린 열매(6월).

소나무과 잎갈나무속 | **일본잎갈나무**(낙엽송)

짧은가지 끝에서 암꽃이삭은 위를, 수꽃이삭은 아래를 향해 달린다. 열매의 솔방울 조각은 50~60개로, 성숙하면 살짝 젖혀진다. 잎갈나무는 북한에 자생하며, 솔방울 조각이 25~40개고, 젖혀지지 않는다. 개잎갈나무는 잎이 겨울에도 푸르며, 상대적으로 뾰족하고 단단하여 찔리면 아프다.

갈잎큰키나무

- 🌳 전국에 식재
- 🍃 모여나기(짧은가지), 어긋나기(긴가지)
- 🌿 선형, 1.5~3.5cm
- 🌸 4~5월
- 🍂 9~10월

짧은가지
긴가지
새순
수꽃이삭

4 잎(5월) : 긴가지에서 어긋나지만 짧은가지 끝에는 모여난다. 잎 뒷면에 흰색 숨구멍줄이 있다.
5 암꽃(4월) : 암꽃이삭 아래쪽에는 잎이 달린다.　6 수꽃과 어린가지(4월) : 긴가지의 표면이 갈라졌다.　7 열매(11월)

모여나기

어긋나기

1 가지와 잎(9월). 2 잎과 짧은가지(11월). 3 바닥에 떨어진 수꽃과 솔방울 조각(2월) : 수꽃이삭의 길이는 3~5cm다.
4 열매(7월) : 성숙하면 길이가 5~13cm 된다. 5 전체 모양(1월). 6 나무껍질(2월)

소나무과 개잎갈나무속 | 개잎갈나무(히말라야시다)

나무껍질이 불규칙하게 갈라지고, 전체 모양이 원뿔 모양이며, 잔가지가 처진다. 암수한그루로 노란색 수꽃이삭과 연녹색 암꽃이삭이 각각 짧은가지 끝에서 위를 향해 핀다. 일본잎갈나무는 잎이 선형이고, 상대적으로 부드러우며, 가을에 낙엽이 진다.

늘푸른큰키나무

- 🌲 전국에 식재
  (주로 충청도 이남)
- 🍃 모여나기(짧은가지),
  어긋나기(긴가지)
- 🌿 바늘형, 3~4cm
- ❀ 10~11월
- 🍂 이듬해 10월

46

소나무속 식별하기

1cm

1cm

1cm

소나무

곰솔

리기다소나무

잣나무

스트로브잣나무

섬잣나무

백송

소나무속 나무의 열매

소나무

곰솔

리기다소나무

잣나무

스트로브잣나무

섬잣나무

백송

소나무속 나무의 나무껍질

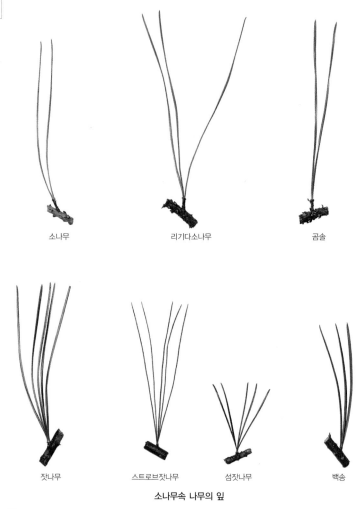

소나무

리기다소나무

곰솔

잣나무

스트로브잣나무

섬잣나무

백송

소나무속 나무의 잎

48

잎집

소나무   리기다소나무   곰솔   잣나무   스트로브잣나무 섬잣나무   백송

잎집이 끝까지 달림   잎집이 일찍 떨어짐

소나무속 나무의 잎

검색표

1. 잎집이 끝까지 달린다.
    2. 잎이 3개씩(간혹 4개씩) 다발로 난다. -- 리기다소나무(51쪽)
    2. 잎이 2개씩 다발로 난다.
        3. 잎이 상대적으로 연하다. -- 소나무(52쪽)
        3. 잎이 상대적으로 억세다. -- 곰솔(50쪽)

1. 잎집이 일찍 떨어진다.
    4. 잎이 3개씩 다발로 난다. -- 백송(59쪽)
    4. 잎이 5개씩 다발로 난다.
        5. 잎이 상대적으로 짧다(보통 6cm 이하). -- 섬잣나무(56쪽)
        5. 잎이 상대적으로 길다.
            6. 잎이 상대적으로 연하다. -- 스트로브잣나무(58쪽)
            6. 잎이 상대적으로 억세다. -- 잣나무(54쪽)

라벨: 암꽃이삭, 수꽃이삭

1 꽃(5월) 2 전체 모양(11월). 3 겨울눈(3월) 4 열매(11월) 5 소나무와 잎 비교.

소나무 곰솔

소나무과 소나무속 | 곰솔(흑송, 해송)

검은색이나 흑갈색 나무껍질이 불규칙하게 갈라진다. 잎 아랫부분의 잎집은 끝까지 떨어지지 않으며, 겨울눈은 흰색이다. 소나무는 육지 안쪽에 자라고, 겨울눈이 붉은색이며, 곰솔에 비해 잎이 가늘고 연하다. 잡종이 생기기 때문에 식별하기 어려운 경우가 많다.

늘푸른큰키나무

- 전국의 바닷가 주변에 자생·식재
- 2개씩 다발나기
- 바늘형, 9~14cm
- 5월
- 이듬해 9월

1 수꽃(5월) 2 암꽃(5월) 3 열매(1월) 4 나무껍질(6월) 5 전체 모양(5월).

<table>
<tr><td>

늘푸른큰키나무

</td></tr>
</table>

🇫 전국에 식재

🌿 3개씩 다발나기
 (간혹 4개)

🍃 바늘형, 7~14cm

❁ 5월

🍂 이듬해 9월

소나무과 소나무속 | **리기다소나무**(세잎소나무)

큰 줄기의 표면에도 잎이 달려, 마치 줄기에 털이 난 것 같다. 이런 특징은 소나무속에서 리기다소나무가 유일하다. 잎 아랫부분의 잎집은 끝까지 떨어지지 않으며, 솔방울 조각에는 날카로운 가시가 달린다. 다 익은 열매는 여러 해 동안 가지에서 떨어지지 않고 달려 있는 경우가 많다.

1 천연기념물 103호
충북 보은군 속리산면의
소나무(4월).
2 나무껍질(5월) : 적갈색으로
어려서는 불규칙하게
벗겨지지만, 나이가 들면
거북딱지처럼 갈라진다.
3 씨(11월) : 날개가 달렸다.

소나무과 소나무속 | **소나무(솔나무, 적송, 육송)**

늘푸른큰키나무

잎 아랫부분의 잎집이 끝까지 떨어지지 않으며, 겨
울눈은 붉은색이다. 새가지의 끝에 자주색 암꽃이
삭이 달리며, 노란색 수꽃이삭은 새가지의 옆에 달
린다. 줄기가 밑에서 여러 개로 갈라져 떨기나무처
럼 되는 것을 반송이라 하며, 줄기가 곧게 자라는
것을 금강소나무라 한다.

- ◪ 전국에 자생 · 식재
- ◪ 2개씩 다발나기
- ◪ 바늘형, 8~14cm
- ◪ 5월
- ◪ 이듬해 9~10월

4 암꽃(5월) 5 수꽃(5월) 6 열매(5월) : 꽃가루받이 되고 약 1년이 지난 것이다. 7 겨울눈과 어린 열매(3월) : 꽃가루받이 되고 약 10개월 지난 것이다. 8 반송의 전체 모양(3월). 9 금강소나무의 전체 모양(9월).

1 전체 모양(9월). 2 나무껍질(7월) : 회백색이나 회갈색이며, 불규칙하게 갈라진다.

소나무과 소나무속 | 잣나무(홍송)

잎 아랫부분의 잎집은 곧 떨어지며, 겨울눈은 붉은
색이다. 열매의 솔방울 조각 하나에는 씨 두 개가
붙어 있으며, 씨는 껍질을 까서 먹는다. 눈잣나무는
설악산 이북의 높은 곳에 자라고, 잎의 길이가
3~6cm로 짧으며, 떨기나무다. 스트로브잣나무는
잎이 상대적으로 가늘다.

늘푸른큰키나무

- 🔹 전국에 자생·식재
- 🔹 5개씩 다발나기
- 🔹 바늘형, 7~12cm
- 🔹 5~6월
- 🔹 이듬해 9~10월

3 수꽃(5월) 4 열매(7월) : 지난해에 꽃가루받이 된 것이다. 5 바닥에 떨어진 열매(10월) : 성숙하면 길이가
10~15cm 된다. 6 어린 열매(1월) : 꽃가루받이 되고 약 8개월 지난 것이다. 7 씨(10월)
8 스트로브잣나무와 잎 비교.

1 전체 모양(5월). 2 나무껍질(4월)

소나무과 소나무속 | **섬잣나무**

자생지에서는 큰키나무로 자라지만, 식재한 것은 보통 작은키나무 정도로 자란다. 나무껍질은 불규칙하게 갈라지고, 잎 아랫부분의 잎집은 곧 떨어진다. 잎의 길이는 보통 6cm 이하인데, 자생지에서는 그보다 긴 것이 많다. 올해 자란 가지 끝에 암꽃이삭이 달리며, 수꽃이삭은 올해 자란 가지 옆에 달린다.

늘푸른큰키나무

- 울릉도에 자생, 전국에 식재
- 5개씩 다발나기
- 바늘형, 3~6cm
- 5월
- 이듬해 9월

56

3 암꽃(5월) 4 수꽃(5월) 5 새순(5월) 6 어린 열매(11월) : 꽃가루받이 되고 약 6개월 지난 것이다.
7 열매(5월) : 꽃가루받이 되고 약 1년 지난 것이다. 8 열매(4월) : 성숙하면 벌어진다.

1 열매(4월) 2 수꽃(5월) 3 열매(5월) : 꽃가루받이 되고 약 1년 지난 것이다.
4 씨(1월) : 검은 반점이 있고, 날개가 달렸다. 5 전체 모양(5월). 6 나무껍질(1월) : 검은빛이 돈다.

| 소나무과 소나무속   **스트로브잣나무** | 늘푸른큰키나무 |

나무껍질이 처음에는 밋밋하지만, 나이가 들면 불규칙하게 갈라진다. 잎 아랫부분의 잎집은 곧 떨어진다. 암꽃이삭은 새가지 끝에 달리며, 수꽃이삭은 새가지 옆에 달린다. 성숙한 열매는 긴 원통형으로, 길이가 8~20cm다. 잣나무는 잎이 상대적으로 두껍고 억세며, 나무껍질이 어릴 때부터 갈라진다.

늘푸른큰키나무

- 전국에 식재
- 5개씩 다발나기
- 바늘형, 9~15cm
- 5월
- 이듬해 9월

1 전체 모양(12월). 2 잎(3월) 3 나무껍질(4월) : 비늘처럼 조각조각 벗겨져서 얼룩무늬가 생긴다.
4 겨울눈과 어린 열매(1월) : 꽃가루받이 되고 약 9개월 지난 것이다. 5 열매(1월) : 성숙하면 길이가 약 6cm 된다.

| 늘푸른큰키나무 | 소나무과 소나무속 \| **백송**(흰소나무, 백골송) |

- 전국에 식재
- 3개씩 다발나기
- 바늘형, 7~9cm
- 5월
- 이듬해 10월

나무껍질은 처음에 회녹색을 띠다가 점차 회백색으로 변한다. 어린가지는 녹색을 띠며, 잎 아랫부분의 잎집은 곧 떨어진다. 암꽃이삭은 새가지 끝에 달리며, 수꽃이삭은 새가지 옆에 달린다. 잎이 백송과 같이 세 개씩 다발나기 하는 **리기다소나무**는 잎집이 끝까지 떨어지지 않는다.

59

1 잎과 수꽃(4월). 2 잎 뒷면(11월). 3 어린 열매(4월) : 꽃가루받이 되고 약 1년 지난 것이다.
4 열매(9월) : 성숙하면 길이가 8~12cm 된다. 5 전체 모양(11월).

낙우송과 금송속 | 금송

보통 원뿔 모양으로 자란다. 적갈색 나무껍질이 세로로 벗겨지며, 어린가지는 붉은색이고 매끈하다. 한 개로 보이는 잎은 두 개가 합쳐진 것이며, 잎 뒷면의 중앙에 움푹 들어간 노란색 홈이 있다. 꽃은 가지 끝에 피며, 보통 나무 꼭대기 부분에만 달려서 보기 힘들다.

늘푸른큰키나무

- 🌍 전국에 식재 (주로 경기도 이남)
- 🍃 돌려나기
- 🌿 선형, 5~11cm
- 🌸 3~4월
- 🟤 이듬해 10~11월

1 열매(6월) 2 잎(8월) 3 열매(11월) 4 전체 모양(10월). 5 나무껍질(11월) 6 공기뿌리(11월)

갈잎큰키나무

- 🏢 전국에 식재
- 🌿 어긋나기
- 🍃 깃꼴겹잎, 5~10cm
- 🌸 4~5월
- 🍂 10~11월

낙우송과 낙우송속 | **낙우송**(아메리카수송)

원뿔 모양으로 자라고, 적갈색 나무껍질이 세로로 벗겨진다. 열매는 지름 2~3cm인 구형이며, 겨울눈은 가지에 반쯤 묻혀 겉으로 잘 드러나지 않는다. 보통 물가에 심는데, 물가에 심은 것일수록 공기뿌리가 발달한다. 메타세쿼이아는 잎차례가 마주나기로 식별할 수 있다.

1 전체 모양(2월). 2 나무껍질(6월) : 적갈색이며 세로로 벗겨진다.

낙우송과 메타세쿼이아속 | **메타세쿼이아**(수송)

갈잎큰키나무

원뿔 모양으로 자라고, 잎은 마주나며, 작은잎도 총 잎자루에 마주난다. 이른 봄에 꽃이 피는데, 금방 떨어져서 꽃이 피었는지도 모르고 지나가는 경우가 많다. 구형이나 원통형 열매는 길이가 약 1.5cm다. 겨울눈은 달걀 모양이다. 낙우송은 잎이 어긋나며, 열매의 지름이 1.5~2배 더 크다.

- 전국에 식재
- 마주나기
- 깃꼴겹잎, 5~12cm
- 3월
- 10~11월

3 수꽃(3월) 4 암꽃(3월) 5 열매(12월) 6 겨울눈(3월) 7 잎(5월) 8 낙우송의 잎(5월).

1 잎과 수꽃눈(11월).　2 열매(8월).　3 잎(11월).　4 나무껍질(12월) : 적갈색이며 세로로 벗겨진다.　5 전체 모양(4월).

낙우송과 삼나무속 | 삼나무(숙대나무)

원뿔 모양으로 자란다. 잎은 끝이 뾰족한 바늘형이고 3~4각형으로 모지며, 위쪽으로 살짝 굽는다. 어린가지는 녹색이며, 낙엽이 질 때 함께 떨어지는 경우가 많다. 수꽃이삭은 가지 끝과 중간에 모여 달리고, 암꽃이삭은 가지 끝에 달린다. 구형 열매는 지름 1.6~3cm다.

늘푸른큰키나무

- 🏠 남부 지방, 울릉도에 식재
- 🍃 어긋나기
- 🌿 바늘형, 1.2~2.5cm
- ❀ 3~4월
- 🍒 10월

1 잎(11월). 2 잎과 수꽃눈(11월). 3 열매(8월). 4 전체 모양(12월).

늘푸른큰키나무

- 남부 지방에 식재
- 어긋나기
- 선형, 3~6cm
- 4월
- 10~11월

낙우송과 넓은잎삼나무속 | 넓은잎삼나무

원뿔 모양으로 자라고, 적갈색 나무껍질이 불규칙하게 벗겨져 떨어진다. 잎은 선형으로, 뒷면에 흰색 숨구멍줄이 두 개 있다. 꽃이삭은 가지 끝에서 나며, 수꽃이삭은 모여 달리고, 암꽃이삭은 한 개씩 달린다. 구형 열매는 지름 2.5~3cm다.

1 수꽃(4월) 2 암꽃(4월) 3 열매(10월) : 위에서 본 모양이다.

측백나무과 측백나무속 | 측백나무

원뿔 모양으로 자라고, 잎은 앞면과 뒷면이 구분되지 않는다. 열매는 여덟 조각으로 돌기가 있고, 익으면 벌어진다. 아래부터 가지가 많이 나와 전체 모양이 빗자루 같은 것을 천지백이라 한다. 서양측백나무는 잎이 상대적으로 넓고, 열매에 돌기가 없다. 편백과 화백은 잎 뒷면에 흰색 숨구멍줄이 있다.

늘푸른큰키나무

🌸 충청북도 이남 일부 지역에 자생, 전국에 식재

🌿 겹쳐나기

🍃 비늘형

🌼 4월

🍂 9~10월

4 전체 모양(4월). **5 천지백**의 전체 모양(12월). 6 천연기념물 62호 충북 단양군 영천리의 측백나무 자생지(5월).
7 나무껍질(4월) : 적갈색이나 회갈색이며, 세로로 벗겨진다. **8 서양측백나무**와 잎 비교. **9 서양측백나무**와 열매 비교.

1 열매(6월) 2 암꽃(4월) 3 전체 모양(5월).

측백나무과 측백나무속 | 서양측백나무

원뿔 모양으로 자라고, 적갈색이나 회갈색 나무껍질이 세로로 벗겨진다. 잎은 앞면과 뒷면이 구분되지 않는다. 암꽃이삭과 수꽃이삭은 각각 가지 끝에 달린다. 긴달걀형 열매는 솔방울 조각 8~10개로 되어 있으며, 길이는 0.8~1.2cm다. 수관이 빽빽하여 산울타리로 많이 활용한다.

늘푸른큰키나무

- 🌍 전국에 식재
- 🍃 겹쳐나기
- 🌿 비늘형
- ❄ 4~5월
- 🍂 10~11월

1 잎 뒷면(6월). 2 잎 앞면(6월). 3 수꽃(4월) 4 열매(12월) 5 나무껍질(12월)

늘푸른큰키나무

- ◪ 전국에 식재
  (주로 남부 지방)
- ◪ 겹쳐나기
- ◪ 비늘형
- ◪ 4월
- ◪ 10~11월

측백나무과 편백속 | **편백**

원뿔 모양으로 자라고, 적갈색 나무껍질이 세로로 벗겨진다. 잎 뒷면에 흰색 Y자 모양 숨구멍줄이 있다. 암꽃이삭과 수꽃이삭은 각각 가지 끝에 달린다. 구형 열매는 지름 1~1.3cm다. 화백은 잎 뒷면의 숨구멍줄이 나비 모양이다.

수꽃이삭

암꽃이삭

1 암꽃과 수꽃(4월).　2 잎 뒷면(5월).　3 나무껍질(11월)

측백나무과 편백속 | **화백**

원뿔 모양으로 자라고, 적갈색 나무껍질이 세로로 벗겨진다. 잎 뒷면에 흰색 나비 모양 숨구멍줄이 있다. 암꽃이삭과 수꽃이삭은 각각 가지 끝에 달린다. 구형 열매는 지름 0.6~1cm다. 어린가지 몇 개가 길고 아래로 늘어지는 것을 실화백이라 한다.

늘푸른큰키나무

🇰 전국에 식재
🍂 겹쳐나기
🌿 비늘형
🌸 4월
🍎 10월

4 전체 모양(4월). 5 열매(12월) 6 씨(1월) 7 실화백의 전체 모양(11월). 8 실화백의 잎(4월).

1 전체 모양(2월). 2 수꽃(3월) 3 암꽃(3월) 4 나무껍질(4월) : 회갈색이며 세로로 벗겨진다.

수꽃이삭과 암꽃이삭은 각각 가지 끝에 달린다. 눈
향나무는 숲의 높은 곳에 누워서 자란다. 둥근향나
무(옥향)는 가지가 밑에서 여러 개로 갈라지며, 전
체 모양이 둥글다. 연필향나무는 전체 모양이 원뿔
형이고, 나사백(가이즈카향나무)은 비늘잎만 달리
며, 전체 모양이 나선형이다.

늘푸른큰키나무

- 울릉도에 자생,
  전국에 식재
- 겹쳐나기(비늘형),
  돌려나기(바늘형)
- 비늘형, 바늘형
- 3~4월
- 이듬해 10월

5 열매(6월) : 익으면 검은색이 된다. 6 비늘형 잎(12월) : 어린가지에는 바늘잎이, 7~8년 이상 된 가지에는 비늘잎이 달린다. 7 바늘형 잎(5월). 8 눈향나무의 전체 모양(6월). 9 둥근향나무의 전체 모양(5월). 10 나사백의 전체 모양(5월). 11 연필향나무의 전체 모양(10월).

1 전체 모양(5월). 2 수꽃눈(4월) 3 열매(5월) : 익으면 검은색이 된다. 4 잎과 겨울눈(4월).

측백나무과 향나무속 | **노간주나무**

늘푸른큰키나무

원뿔 모양으로 자라고, 회갈색 나무껍질이 세로로 벗겨진다. 잎은 3~4개씩 가지에 돌려난다. 수꽃이 삭과 암꽃이삭은 각각 가지 옆에 달린다. 구형 열매는 지름 0.7~1.2cm다. 그늘에서는 살 수 없는 나무로 숲이 우거짐에 따라 점차 사라지며, 주로 바위 틈같이 다른 나무가 없는 곳에 남아 있다.

- 🏞 전국의 숲에 자생
- 🔄 돌려나기
- 🌿 바늘형, 1.2~2cm
- ❀ 4~5월
- 🍒 이듬해 10~11월

여러 가지 나무

속씨식물

1 꽃(5월) 2 잎(3월) 3 열매(3월) 4 전체 모양(3월).

후추과 후추속 | **후추등**(바람등칡)

녹색 줄기는 세로줄이 있으며, 마디에서 뿌리가 내리고, 바닥을 기거나 바위나 다른 나무를 타고 오른다. 잎은 측맥이 잎몸의 아랫부분 주맥에서 네 개가 갈라져 잎가장자리를 따라 잎끝을 향한다. 잎가장자리는 밋밋하다. 꼬리꽃차례는 잎과 마주나며, 열매는 붉은색으로 익는다.

늘푸른덩굴나무

🗺 남해안, 제주도에 자생

🌿 어긋나기

🍃 홑잎, 달걀형,
   3~10cm

🌸 6~7월

🍒 11월~이듬해 2월

76

1 열매(5월) 2 잎(5월) 3 잎자루(5월) : 납작하여 잎이 바람에 잘 흔들린다. 4 암꽃(4월)
5 전체 모양(5월) : 성장이 빨라 큰 나무가 많이 관찰된다. 6 나무껍질(4월) : 흑갈색이고 세로로 깊게 갈라진다.

갈잎큰키나무

- 전국에 식재
- 어긋나기
- 홑잎, 삼각형, 7~14cm
- 4월
- 5월

버드나무과 사시나무속 | **이태리포플러**

잎몸은 삼각형이나 세모진 달걀형으로 너비와 길이가 비슷하다. 씨에는 털이 있어 바람에 날리며, 이는 버드나무과 나무들의 공통점이다. 미루나무와 비슷하여 식별하기 어려운데 이태리포플러의 수꽃이삭은 꽃 하나에 수술이 30개 이하이고, 미루나무는 30개 이상이다.

1 전체 모양(8월). 2 암꽃(4월) 3 수꽃(3월) 4 나무껍질(4월) : 흰색이며 마름모꼴 껍질눈이 발달하지만, 나이가 들면 흰빛을 잃고 껍질눈이 일그러진다. 5 열매(5월)

버드나무과 사시나무속 | 은사시나무(현사시나무)

자연적으로 생긴 은백양과 사시나무의 잡종이며, 인공적으로 생긴 것은 현사시나무라 한다. 잎자루가 납작하며, 잎 뒷면의 흰 털은 차츰 떨어진다. 어린가지와 겨울눈에는 보통 털이 많다. 은백양은 잎몸이 3~5개로 갈라지기도 하며, 잎 뒷면의 털이 끝까지 남는다.

갈잎큰키나무

🔲 전국에 식재

🔲 어긋나기

🔲 홑잎, 달걀형, 3~8cm

🔲 3~4월

🔲 5월

78

6 어린가지와 겨울눈(2월). 7 잎자루(4월). 8 잎(5월). 9 은백양의 잎(6월).
10 잎 뒷면(5월). 11 은백양의 잎 뒷면(10월).

1 전체 모양(12월). 2 미루나무의 전체 모양(6월). 3 잎(5월) 4 바닥에 떨어진 씨(5월) : 털이 있어 바람에 날린다.
5 미루나무의 잎(6월).

버드나무과 사시나무속 | **양버들**

갈잎큰키나무

🔲 전국에 식재
　　(주로 하천변)

🔲 어긋나기

🔲 홑잎, 삼각형,
　　5~10cm

🔲 4월

🔲 5~6월

흑갈색 나무껍질이 세로로 깊게 갈라지며, 가지가 위로 뻗어 전체 모양이 빗자루 같다. 잎몸은 삼각형이나 세모진 달걀형으로, 길이보다 너비가 넓다. 암수딴그루로 꽃은 꼬리꽃차례에 모여서 핀다. 미루나무와 이태리포플러는 전체 모양이 빗자루처럼 되지 않으며, 잎몸의 길이가 너비보다 길거나 비슷하다.

1 수꽃(3월) 2 암꽃(4월) 3 열매(4월) 4 잎(5월) 5 전체 모양(4월). 6 어린가지와 잎눈(12월) : 어린가지는 털이 없고, 쉽게 흰다.

갈잎떨기나무

- 🌍 전국의 습지에 자생
- 🍃 마주나기,
  간혹 어긋나기
- 🌿 홑잎, 거꿀피침형,
  4~8cm
- 🌸 3~4월
- 🍂 4~5월

버드나무과 버드나무속 | **키버들**(고리버들)

잎가장자리는 뚜렷하지 않은 톱니가 있거나 밋밋하다. 암수딴그루며 꽃은 꼬리꽃차례에 모여서 핀다. 꽃밥은 붉은색에서 노란색으로 변하며, 암술머리는 붉은색이다. 갯버들은 키버들보다 꽃이 일주일 정도 일찍 피며, 어린가지에 털이 있고, 잎차례가 어긋나기인 점이 다르다.

1 수꽃(3월) 2 암꽃(4월) 3 열매(4월)

버드나무과 버드나무속 | 갯버들

잎 뒷면에 털이 많지만 차츰 떨어지며, 잎가장자리
에는 잔 톱니가 뚜렷하다. 암수딴그루로 꽃은 꼬리
꽃차례에 모여서 핀다. 꽃밥은 붉은색에서 노란색
으로 변하며, 암술머리는 노란색이다. 어린가지에
털이 있으며, 겨울눈은 꽃눈과 잎눈이 따로 달린다.

갈잎떨기나무

- 🌳 전국의 습지에
  자생·식재
- 🍃 어긋나기
- 🍂 홑잎, 거꿀피침형,
  4~12cm
- 🌸 3~4월
- 🌰 4~5월

4 전체 모양(4월). 5 잎(4월) 6 어린가지와 겨울눈(12월). 7 꽃눈의 단면(3월). 8 눈비늘 조각(4월) : 겨울눈의 눈비늘은 1조각이며, 이는 버드나무속 나무의 공통점이다.

1 전체 모양(3월) : 가지가 길게 처진다.　2 암꽃(4월)

버드나무과 버드나무속 | **수양버들**(능수버들)

잎 뒷면에는 털이 없고 흰빛이 돈다. 잎몸은 길이가
너비보다 여섯 배 이상 길다. 암수딴그루로 꽃은 꼬
리꽃차례에 모여서 핀다. 보통 가지의 색깔로 능수
버들과 식별하지만, 같은 종으로 보는 것이 옳다.
버드나무는 어린가지만 처지고, 잎몸은 길이가 너
비보다 4~5배 긴 것이 다르다.

갈잎큰키나무

- 전국에 식재
  (주로 습지)
- 어긋나기
- 홑잎, 피침형,
  7~13cm
- 4월
- 5월

3 수꽃(4월) 4 열매(5월) 5 잎(5월) 6 잎끝(9월) : 잎가장자리에 잔 톱니가 있다. 7 어린가지와 꽃눈(12월).
8 나무껍질(4월) : 회갈색이고 세로로 깊게 갈라진다.

1 잎(11월) 2 수꽃(4월) 3 암꽃(4월) 4 나무껍질(11월) 5 가지(11월) 6 전체 모양(4월).

버드나무과 버드나무속 | 용버들(파마버들)

갈잎큰키나무

🔖 전국에 식재

🌿 어긋나기

🍃 홑잎, 피침형, 7~13cm

🌸 4월

🌾 5월

회갈색 나무껍질이 세로로 깊게 갈라지며, 가지는 길게 처진다. 가지와 잎이 꾸불꾸불하고, 잎가장자리에 잔 톱니가 있으며, 잎 뒷면은 흰빛이 돈다. 암수딴그루로 꽃은 꼬리꽃차례에 모여서 핀다. 열매는 성숙하면 열리고, 털이 달린 씨가 바람에 날린다.

1 전체 모양(6월). 2 수꽃(4월) 3 잎 뒷면(6월) 4 어린가지와 겨울눈(11월). 5 나무껍질(4월) : 회갈색이고 세로로 깊게 갈라진다. 6 벌레집(8월) : 버드나무속 나무의 가지에는 둥근 벌레집이 생기는 경우가 많다.

갈잎큰키나무

- 🌏 전국의 습지에
  자생·식재
- 🍃 어긋나기
- 🍂 홑잎, 피침형,
  5~12cm
- ✿ 4월
- 🌰 5월

버드나무과 버드나무속 | **버드나무**

어린가지는 처지고, 털이 있으나 차츰 떨어진다. 잎 가장자리에 잔 톱니가 있고, 잎 뒷면은 흰빛이 돈다. 암수딴그루로 꽃은 꼬리꽃차례에 모여서 핀다. 꽃밥은 붉은색에서 노란색으로 변하며, 암술머리는 노란색이다. 열매는 성숙하면 열리고, 털이 달린 씨가 바람에 날린다.

1 수꽃(4월) 2 열매(5월) 3 잎 뒷면(5월). 4 잎(5월) : 턱잎은 보통 일찍 떨어진다. 5 나무껍질(6월)
6 전체 모양(10월).

잎몸

턱잎

버드나무과 버드나무속 | **왕버들**

회갈색 나무껍질이 세로로 깊게 갈라지며, 잎이 새로 나올 때는 붉은빛이 돈다. 잎가장자리에 잔 톱니가 있고, 잎 뒷면은 흰빛이 돈다. 암수딴그루로 꽃은 꼬리꽃차례에 모여서 핀다. 열매는 성숙하면 열리고, 털이 달린 씨가 바람에 날린다.

갈잎큰키나무

- 🌳 충청도 이남의 습지에 자생, 전국에 식재
- 🍃 어긋나기
- 🍂 홑잎, 타원형, 3~10cm
- 📷 4월
- ✂ 5월

새순
암꽃

1 수꽃(4월) 2 암꽃(4월) 3 열매(5월) 4 잎(6월) : 잎잎은 보통 일찍 떨어진다. 5 잎 뒷면(6월).
6 어린가지와 꽃눈(2월) : 1개로 된 눈비늘은 이른 봄에 벗겨진다.

갈잎큰키나무

- 🔳 전국의 숲에 자생
  (주로 계곡)
- 🔳 어긋나기
- 🔳 홑잎, 타원형,
  5~14cm
- 🔳 4월
- 🔳 4~5월

버드나무과 버드나무속 | **호랑버들**(떡버들)

회갈색 나무껍질이 세로로 깊게 갈라진다. 잎의 앞면은 주름이 있고, 뒷면은 흰빛이 돌며 털이 끝까지 남거나 차츰 떨어진다. 잎가장자리는 보통 밋밋하지만, 간혹 뚜렷하지 않은 톱니가 있다. 암수딴그루로 꽃은 꼬리꽃차례에 모여서 핀다. 열매는 성숙하면 열리고, 털이 달린 씨가 바람에 날린다.

1 수꽃(3월) 2 암꽃(3월) 3 잎(5월) : 턱잎은 보통 일찍 떨어진다. 4 잎 뒷면(5월). 5 전체 모양(5월).

버드나무과 버드나무속 | **선버들**

보통 작은키나무로 자라지만, 떨기나무처럼 자라기도 한다. 잎 뒷면은 흰빛이 돌고, 잎가장자리에 잔톱니가 있다. 암수딴그루로 꽃은 꼬리꽃차례에 모여서 핀다. 꽃밥과 암술머리는 노란색이다. 열매는 성숙하면 열리고, 털이 달린 씨가 바람에 날린다.

갈잎작은키나무

- 🗺 전국의 습지에 자생
- 🌿 어긋나기
- 🍃 홑잎, 피침형, 6~14cm
- 🌸 3~4월
- 🍂 5월

수꽃이삭

암꽃이삭

1 꽃(6월) 2 어린 열매(7월). 3 잎(7월) 4 작은잎(6월) 5 어린가지와 겨울눈(12월).
6 나무껍질(11월) : 회갈색이고 세로로 갈라진다.

갈잎큰키나무

- 경기도 이남에 자생
- 어긋나기
- 깃꼴겹잎, 15~30cm
- 5~6월
- 9~10월

가래나무과 굴피나무속 | **굴피나무**(꾸정나무)

깃꼴겹잎은 작은잎 7~19장으로 구성되며, 작은잎의 잎끝은 뾰족하고, 잎가장자리에 날카로운 톱니가 있다. 가지 끝에 타원형 암꽃이삭이 달리며, 그 주변에 꼬리꽃차례로 수꽃이삭이 달린다. 수꽃이삭의 길이는 5~8cm로, 암꽃 위에 달리기도 한다. 열매의 길이는 3~5cm고, 솔방울을 닮았다.

1 어린 열매(6월). 2 전체 모양(6월). 3 나무껍질(12월) : 회갈색이고 세로로 갈라진다.

가래나무과 중국굴피나무속 | **중국굴피나무**(당굴피나무)

갈잎큰키나무

🔲 경기도 이남에 식재
🔲 어긋나기
🔲 깃꼴겹잎, 20~40cm
🔲 4~5월
🔲 9월

잎은 작은잎 9~26장으로 구성되며, 홀수깃꼴겹잎과 짝수깃꼴겹잎이 모두 나타난다. 총잎자루에는 날개처럼 잎과 같은 조직이 붙어 있다. 암꽃이삭과 수꽃이삭은 각각 꼬리꽃차례로 달리며, 열매는 양쪽에 날개가 있어 단풍나무과 나무의 열매와 비슷하다. 주로 하천변에서 볼 수 있다.

암꽃이삭

수꽃이삭

합눈(암꽃눈+잎눈)

수꽃눈

4 꽃(4월) **5** 잎(4월) **6** 잎의 총잎자루(4월). **7** 어린가지와 겨울눈(12월) : 겨울눈은 맨눈이다. **8** 잎자국(3월)
9 골속(11월) : 막으로 나누어졌다.

암꽃이삭

수꽃이삭

1

2

3

1 꽃(4월) 2 열매(7월) 3 잎(5월)

깃꼴겹잎은 작은잎 7~17장으로 구성되며, 작은잎의 가장자리에 잔 톱니가 있다. 수꽃이삭은 아래로 늘어지는 꼬리꽃차례로 달리고, 암꽃이삭은 위로 서며, 암술머리가 붉은색이다. 열매는 육질의 바깥 껍질과 딱딱한 안쪽 껍데기가 있으며, 그 안에 주름진 씨가 있다.

갈잎큰키나무

- 백두대간의 숲에 자생 (주로 계곡)
- 어긋나기
- 깃꼴겹잎, 30~70cm
- 4~5월
- 9월

94

합눈(암꽃눈＋잎눈)

수꽃눈

4 작은잎의 가장자리(4월). 5 전체 모양(5월). 6 나무껍질(3월) : 회갈색이고 세로로 갈라진다.
7 어린가지와 겨울눈(11월). 8 잎자국(11월) 9 골속(11월) : 막으로 나누어졌다.

1 열매(6월) 2 수꽃(4월) 3 암꽃(5월) 4 잎(9월) 5 잎자국(11월) 6 나무껍질(5월) : 회갈색이고, 나이가 들면 세로로 갈라진다.

가래나무과 가래나무속 | **호두나무**

갈잎큰키나무

- 🏳 경기도 이남에 식재
- 🍃 어긋나기
- 🍂 깃꼴겹잎, 20~30cm
- ❀ 4~5월
- 🌰 9월

깃꼴겹잎은 작은잎 5~7장으로 구성되며, 작은잎의 가장자리는 밋밋하거나 뚜렷하지 않은 톱니가 있다. 수꽃이삭은 아래로 늘어지는 꼬리꽃차례로 달리고, 암꽃이삭은 위로 서며, 암술머리가 노란색이다. 육질의 바깥 껍질을 제거한 열매를 '호두'라고 하며, 딱딱한 안쪽 껍데기를 제거하고 씨를 먹는다.

암꽃이삭

수꽃이삭

1 꽃(6월) : 수꽃이삭은 늘어지는 꼬리꽃차례로 달리고, 암꽃이삭은 원통형으로 곧추선다. 2 전체 모양(5월).
3 잎(9월) : 잎아래는 보통 심장형이다. 4 나무껍질(1월)

갈잎큰키나무

🅺 백두대간 숲의 높은
   곳에 자생
🅺 어긋나기
🅳 홑잎, 달걀형,
   5~10cm
🅾 5~6월
🅼 9~10월

자작나무과 자작나무속 | **사스래나무(고채목)**

회백색 나무껍질이 종잇장처럼 벗겨져서 줄기에 오
랫동안 붙어 있다. 잎몸은 삼각형에 가까운 달걀형
이고, 잎가장자리에 불규칙한 톱니가 있다. 우리 나
라에서 가장 높은 곳에 자라는 나무 중 하나다. 거
제수나무는 나무껍질이 붉은빛이 도는 경우가 많
고, 주로 해발 1000m 이하에서 자생한다.

자작나무과 자작나무속 식별하기

자작나무

사스래나무

거제수나무

박달나무

물박달나무

개박달나무

자작나무속 나무의 잎 앞면과 뒷면

자작나무

사스래나무

거제수나무

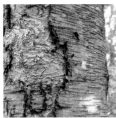
박달나무

물박달나무

개박달나무

자작나무속 나무의 나무껍질

검색표

1. 잎몸이 삼각형에 가깝다.

  2. 잎몸이 정삼각형에 가까우며, 측맥은 보통 11쌍 이하다.

    3. 측맥이 보통 8쌍 이하이며, 잎아래는 반듯하다. --자작나무(100쪽)

    3. 측맥이 보통 9쌍 이상이며, 잎아래는 심장형에 가깝다. --사스래나무(97쪽)

  2. 잎몸이 긴 이등변삼각형에 가까우며, 측맥은 보통 12쌍 이상이다.

    --거제수나무(97쪽)

1. 잎몸이 달걀형이나 타원형에 가깝다.

  4. 잎몸의 길이는 보통 5cm 이상이다.

    5. 측맥이 보통 9쌍 이상이다. --박달나무(102쪽)

    5. 측맥이 보통 8쌍 이하다. --물박달나무(102쪽)

  4. 잎몸의 길이는 보통 5cm 이하다. --개박달나무(102쪽)

암꽃이삭

수꽃이삭

1

1 꽃(4월)

자작나무과 자작나무속 | **자작나무(봇나무)**

흰색 나무껍질이 종잇장처럼 가로로 벗겨지고, 잎
몸은 삼각형이나 세모진 달걀형이다. 수꽃이삭은
늘어지는 꼬리꽃차례로 달리고, 암꽃이삭은 긴 원
통형으로 처음에는 곧추서지만 열매가 성숙하면 처
진다. 남한에는 자연 분포하는 지역이 없으며, 조경
수로 흔히 식재한다.

갈잎큰키나무

- 🏠 북한에 자생,
  전국에 식재
- 🍃 어긋나기
- 🍂 홑잎, 달걀형, 5~7cm
- ❀ 4~5월
- 🍎 9~10월

2 전체 모양(12월). 3 나무껍질(2월) 4 잎 뒷면(5월) 5 열매(9월) 6 열매의 포조각(9월).
7 씨(9월) : 날개가 달린다. 8 어린가지와 겨울눈(10월).

1 꽃(4월) 2 잎(4월) 3 열매(4월)

자작나무과 자작나무속 | 물박달나무(째작나무)

나무껍질이 얇은 조각으로 불규칙하게 갈라지며, 줄
기에 오랫동안 붙어 있다. 잎가장자리에 불규칙한
치아형 겹톱니가 있다. 박달나무는 어릴 때 나무껍
질이 갈라지지 않지만 나이가 들면서 갈라지고 터지
며, 가로 방향으로 배열된 껍질눈이 뚜렷하다. 개박
달나무는 떨기나무로, 산등성이에 주로 분포한다.

갈잎큰키나무

- 🌍 전국의 숲에 자생
- 🌿 어긋나기
- 🍃 홑잎, 달걀형, 3~8cm
- ❀ 4~5월
- 🍂 9~10월

4 어린가지와 겨울눈(11월). 5 전체 모양(4월). 6 나무껍질(5월). 7 **박달나무** 어린 줄기의 나무껍질(7월).
8 **박달나무** 나이 든 줄기의 나무껍질(5월). 9 **박달나무**의 전체 모양(7월). 10 **개박달나무**의 전체 모양(9월).

1 꽃(3월) 2 열매(12월)

자작나무과 오리나무속 | **물오리나무**(산오리나무)

나무껍질이 매끈하거나 갈라지며, 겨울눈은 눈자루
가 발달한다. 잎은 길이와 너비가 비슷한 타원형 혹
은 달걀형이며, 잎가장자리에 겹톱니가 있다. 수꽃
이삭은 가지 끝에 늘어지는 꼬리꽃차례로 달리고,
그 아래쪽에 작은 솔방울 모양 암꽃이삭이 달린다.

갈잎큰키나무

🇰 전국에 자생·식재
🇰 어긋나기
🇰 홑잎, 달걀형,
　 8~14cm
🇰 3~4월
🇰 10월

잎눈

수꽃눈

암꽃눈

눈자루

3 잎(8월) 4 어린가지와 겨울눈(1월). 5 전체 모양(3월). 6 나무껍질(3월) 7 잎눈(1월) : 눈자루가 발달한다.
8 나무껍질(7월) : 불규칙하게 갈라지기도 한다.

1 수꽃(3월) 2 열매(7월) 3 잎(6월) 4 나무껍질(11월) 5 잎눈(12월) : 눈자루가 발달한다. 6 전체 모양(3월).

자작나무과 오리나무속 | 오리나무

회갈색 나무껍질이 세로로 갈라지며, 겨울눈은 눈자루가 발달한다. 잎몸은 달걀형 혹은 긴타원형으로 길이가 너비보다 두 배 이상 길며, 잎가장자리에 자잘한 홑톱니가 있다. 수꽃이삭은 가지 끝에 늘어지는 꼬리꽃차례로 달리고, 그 아래쪽에 작은 솔방울 모양 암꽃이삭이 달린다.

갈잎큰키나무

- 전국에 자생 (주로 습한 곳)
- 어긋나기
- 홑잎, 달걀형, 6~12cm
- 3~4월
- 10월

1 꽃(4월) 2 열매(12월) 3 어린가지와 겨울눈(1월). 4 나무껍질(4월) 5 잎(5월) 6 좀사방오리의 잎(6월).

암꽃이삭

수꽃이삭

합눈(암꽃눈＋잎눈)

수꽃눈

갈잎큰키나무

- 남부 지방에 식재
- 어긋나기
- 홑잎, 긴타원형, 5~10cm
- 3~4월
- 10월

자작나무과 오리나무속 | 사방오리

나무껍질은 회갈색이며, 겨울눈은 끝이 뾰족하다. 잎몸은 달걀형 혹은 긴타원형이며, 뚜렷한 측맥이 13~17쌍 있다. 수꽃이삭은 늘어지는 꼬리꽃차례로 달리고, 솔방울 모양 암꽃이삭은 곧추선다. 좀사방오리는 잎몸이 피침형이며, 측맥이 20~26쌍 있다.

1 수꽃(4월) 2 암꽃(4월) 3 열매(5월) 4 어린가지와 겨울눈(12월).

자작나무과 서어나무속 | 서어나무(서나무)

회색 나무껍질이 울퉁불퉁하며, 어린가지 끝에 합
눈과 그 아래 수꽃눈이 있다. 잎몸은 타원형이며,
잎끝이 길게 발달한다. 열매의 포조각은 비대칭이
며, 양쪽으로 톱니가 있다. 개서어나무는 열매의 포
조각 한쪽에만 톱니가 발달하고, 잎끝이 길게 발달
하지 않으며, 남부 지방에 자생한다.

갈잎큰키나무

🏞 전국의 숲에 자생
🌱 어긋나기
🍃 홑잎, 달걀형,
　4~7.5cm
🌸 4~5월
🍂 10월

5 나무껍질(11월) 6 개서어나무의 나무껍질(11월). 7 잎(9월) 8 개서어나무의 잎(10월).
9 열매의 포조각(12월). 10 개서어나무 열매의 포조각(11월).

1 열매(5월). 2 열매의 포조각(11월). 3 잎(7월). 4 나무껍질(5월). 5 어린가지와 겨울눈(11월). 6 전체 모양(6월).

자작나무과 서어나무속 | **소사나무**

나무껍질이 울퉁불퉁하고 잎몸은 달걀형이다. 잎끝은 뾰족하지만 길어지지 않는다. 열매의 포조각은 양쪽으로 잔 톱니가 있다. 서어나무속 중에서 서어나무, 개서어나무와 비슷하지만 소사나무의 잎이 상대적으로 작고, 잎끝이 길어지지 않는 것으로 식별할 수 있다.

갈잎작은키나무

- 🌳 바닷가 주변에 자생
- 🍃 어긋나기
- 🍂 홑잎, 달걀형, 3~5cm
- ❀ 4~5월
- 🍎 9~10월

1 열매(5월) 2 수꽃(4월) 3 잎(5월) 4 포조각(6월) : 아랫부분에 가시 같은 털이 있어 만지면 피부에 박힌다.
5 나무껍질(4월)

<table>
<tr><td colspan="2">갈잎큰키나무</td></tr>
</table>

갈잎큰키나무	자작나무과 서어나무속 | **까치박달**
☒ 전국의 숲에 자생 ☒ 어긋나기 ☒ 홑잎, 타원형, 　7~14cm ☒ 4~5월 ☒ 9월	나무껍질에 마름모꼴 껍질눈이 발달하지만, 나이가 들면 일그러진다. 잎몸은 타원형이고 잎아래는 심장형이며, 뚜렷한 측맥이 16~22쌍 있다. 수꽃이삭과 암꽃이삭은 처지는 꼬리꽃차례로 달린다. 열매 포조각은 대칭이며, 양쪽으로 톱니가 있다.

1 꽃(3월) 2 암꽃(3월) 3 열매(7월) 4 잎(5월) 5 어린가지(4월) 6 어린가지와 수꽃눈(3월).

자작나무과 개암나무속 | **개암나무**(난티잎개암나무)

잎가장자리에 치아형 겹톱니가 있고, 어린가지와
잎자루에 붉은색 샘털이 있다. 열매는 잎처럼 발달
하는 포조각 두 개가 감싸며, 견과가 밖으로 드러난
다. 참개암나무와 물개암나무는 어린가지와 잎자루
에 흰색 잔털이 있고, 열매를 감싸는 포조각이 주머
니처럼 길어 견과가 밖으로 드러나지 않는다.

갈잎떨기나무

- 🌳 전국의 숲에 자생
  (주로 경기도)
- 🍃 어긋나기
- 🍂 홑잎, 거꿀달걀형,
  5~12cm
- 🌸 3~4월
- 🍎 9~10월

1 꽃(3월) 2 잎(6월) 3 열매(7월) 4 어린가지와 수꽃눈(11월). 5 물개암나무의 열매(6월).

<table>
</table>

갈잎떨기나무	

자작나무과 개암나무속 | 참개암나무

- 🗺 남부 지방의 숲에 자생
- 🍃 어긋나기
- 🍂 홑잎, 거꿀달걀형, 4~10cm
- 🌸 3~4월
- 🍎 10월

어린가지와 잎자루에 흰색 잔털이 있다. 잎끝이 뾰
족하고, 잎가장자리에 치아형 겹톱니가 있다. 열매
를 감싸는 포조각은 끝부분이 급히 좁아지는 형태
로 길게 발달하며, 견과가 밖으로 드러나지 않는다.
물개암나무는 열매를 감싸는 총포의 끝부분이 급히
좁아지지 않으며, 백두대간의 숲에 분포한다.

1 잎(5월) 2 어린가지와 겨울눈(11월). 3 나무껍질(11월) 4 열매(11월)

회색 나무껍질이 매끄럽다. 잎몸은 타원형으로 뚜렷한 측맥이 9~13쌍 있으며, 잎가장자리에 얕은 파도형 톱니가 있다. 이름이 비슷한 밤나무는 측맥이 17~25쌍이고 전국에 분포하며, 나도밤나무는 측맥이 20~28쌍이고 주로 남부 지방에 자란다.

갈잎큰키나무

- 🇫 울릉도에 자생
- 🇰 어긋나기
- 🇩 홑잎, 타원형, 6~12cm
- 🇴 5월
- 🇰 10월

114

1 잎 뒷면(5월) : 보통 갈색으로 윤기가 있다. 2 수꽃(5월) 3 열매(10월) 4 잎(11월) 5 어린가지와 겨울눈(11월).
6 전체 모양(6월).

늘푸른큰키나무	참나무과 모밀잣밤나무속	**구실잣밤나무**

- 🗺 남해안, 제주도에 자생
- 🍃 어긋나기
- 🍂 홑잎, 긴타원형,
  7~12cm
- 🌼 5~6월
- 🌰 이듬해 1월

흑회색 나무껍질이 세로로 갈라진다. 긴타원형 잎
몸은 두껍고, 잎가장자리에 파도형 톱니가 있다. 견
과는 타원형이며, 열매를 둘러싼 깍정이의 표면에
돌기가 있다. 모밀잣밤나무는 열매가 원형이며, 잎
뒷면이 은색인 것이 다르다.

갈잎 참나무속, 밤나무속 식별하기

신갈나무 　　　 떡갈나무 　　　 졸참나무 　 갈참나무 　 상수리나무 　 굴참나무 　 밤나무

참나무속, 밤나무속 나무의 잎

검색표

1. 잎몸은 피침형이나 거꿀피침형 혹은 긴타원형이며, 잎가장자리에 바늘형 톱니가
   발달한다.
   2. 톱니가 실처럼 가늘고 노란색이다.
      3. 잎 뒷면이 연한 녹색이다. -- 상수리나무(126쪽)
      3. 잎 뒷면이 흰색에 가깝다. -- 굴참나무(127쪽)
   2. 톱니가 상대적으로 두툼하며 녹색이다. -- 밤나무(118쪽)

1. 잎몸은 거꿀달걀형이며, 잎가장자리에 파도형이나 치아형 톱니가 발달한다.
   4. 잎자루가 매우 짧고(1cm 이하), 잎아래는 귀형이다.
      5. 잎맥과 잎 뒷면에 털이 많고, 촉감이 거칠다. -- 떡갈나무(122쪽)
      5. 잎맥과 잎 뒷면에 털이 거의 없으며, 촉감이 매끄럽다. -- 신갈나무(120쪽)
   4. 잎자루가 길고(1~3cm), 잎아래는 둔하거나 뾰족형이다.
      5. 잎몸이 비교적 크고(길이 5~30cm), 톱니 끝이 보통 둔하다.
         -- 갈참나무(124쪽)
      5. 잎몸이 비교적 작고(길이 2~10cm), 톱니 끝이 보통 뾰족하다.
         --졸참나무(123쪽)

신갈나무

떡갈나무

졸참나무

갈참나무

상수리나무

굴참나무

밤나무

참나무속, 밤나무속 나무의 겨울눈과 낙엽, 열매

1 수꽃(6월) : 꼬리꽃차례로 달린다.   2 꽃(6월) : 암꽃은 수꽃이삭의 아래쪽에 달리며, 수꽃보다 먼저 핀다.   3 잎(6월)

참나무과 밤나무속 | **밤나무**

나무껍질이 세로로 갈라진다. 잎몸은 피침형이나 거꿀피침형이고, 잎가장자리에 녹색을 띠며 다소 두툼한 바늘형 톱니가 발달한다. 잎 모양이 비슷한 상수리나무와 굴참나무는 잎가장자리에 노란색을 띠며 실처럼 가는 바늘형 톱니가 발달하는 것이 다르다.

갈잎큰키나무

- 🇰🇷 전국에 자생·식재
- 🔀 어긋나기
- 🍃 홑잎, 피침형, 10~20cm
- 🌼 6월
- 🌰 9~10월

4 열매(9월) 5 벌레집(5월) : 가지가 부풀어오른 듯한 벌레집이 흔히 생긴다. 6 나무껍질(12월) 7 전체 모양(6월).
8 굴참나무, 상수리나무와 톱니 모양 비교(7월).

119

1 수꽃(4월) 2 암꽃(4월) : 작아서 잘 보이지 않는다. 3 열매(8월) : 견과를 둘러싸는 깍정이 표면이 기왓장 같은 조각으로 덮인다.

참나무과 참나무속 | **신갈나무**

잎가장자리에 파도형 톱니가 발달한다. 잎자루가 1cm 이하로 매우 짧고, 잎아래는 귀형이다. 잎맥과 잎 뒷면에 털이 거의 없으며 촉감이 매끄럽다. 잎 모양이 비슷한 떡갈나무는 잎맥과 뒷면에 털이 많고, 졸참나무와 갈참나무는 잎자루가 1~3cm로 길며 잎아래가 둔하거나 뾰족형이다.

갈잎큰키나무

- 🌳 전국의 숲에 자생
- 🌿 모여나기(가지 끝), 어긋나기
- 🍃 홑잎, 거꿀달걀형, 7~20cm
- 🌸 4~5월
- 🍂 9~10월

120

4 잎(5월) 5 잎(4월) : 잎이 막 나오기 시작할 때는 털이 있지만 곧 떨어진다. 6 전체 모양(4월).

7 나무껍질(8월) : 세로로 깊게 갈라진다. 8 떡갈나무와 잎 뒷면 비교(8월).

9 떡갈나무, 졸참나무, 갈참나무와 잎아래 모양과 잎자루 길이 비교(8월).

1 수꽃(5월) 2 열매(9월) 3 잎(7월) 4 잎 뒷면(5월). 5 새순(6월) : 붉은빛이 돈다. 6 나무껍질(12월)

참나무과 참나무속 | 떡갈나무

나무껍질이 세로로 갈라진다. 잎몸은 거꿀달걀형이고, 잎가장자리에 파도형 톱니가 발달한다. 잎자루가 1cm 이하로 매우 짧고, 잎아래는 귀형이다. 잎맥과 잎 뒷면에 털이 많으며, 촉감이 거칠다. 견과의 깍정이 표면을 덮은 갈색 젖혀진 조각이 털처럼 생겼다.

갈잎큰키나무

- 🌳 전국의 숲에 자생
- 🍃 모여나기(가지 끝), 어긋나기
- 🍂 홑잎, 거꿀달걀형, 9~22cm
- 🌸 4~5월
- 🍎 10월

122

1 수꽃(4월) 2 암꽃(5월) 3 잎(7월) 4 열매(9월) 5 나무껍질(12월)

갈잎큰키나무

- 🌳 전국의 숲에 자생
- 🍃 모여나기(가지 끝), 어긋나기
- 🍂 홑잎, 거꿀달걀형, 2~10cm
- 🌸 4~5월
- 🟤 9월

참나무과 참나무속 | 졸참나무

나무껍질이 세로로 갈라진다. 잎몸은 다른 갈잎참 나무속 나무에 비하여 작고 거꿀달걀형이다. 잎가 장자리의 톱니 끝이 보통 뾰족하고 다소 안으로 향한다. 잎자루가 1~3cm고, 잎아래는 둔하거나 뾰족형이며, 뒷면에 털이 있다. 견과를 둘러싸는 깍정이 표면이 기왓장 같은 작은 조각으로 덮인다.

1 수꽃(4월)
2 열매(5월) : 깍정이 표면이 기왓장 같은
조각으로 덮인다.

참나무과 참나무속 | **갈참나무**

갈잎큰키나무

- 전국의 숲에 자생
- 모여나기(가지 끝),
  어긋나기
- 홑잎, 거꿀달걀형,
  5~30cm
- 4~5월
- 10월

잎몸은 거꿀달걀형이며, 잎가장자리에 보통 끝이
둔한 톱니가 발달한다. 잎자루가 1~3cm고, 잎아래
는 둔하거나 뾰족형이며, 뒷면에 별 모양 털이 있
다. 졸참나무는 잎몸이 2~10cm로 다소 작고, 잎가
장자리의 톱니가 뾰족하며, 잎 뒷면에 별 모양 털과
한 가닥으로 된 털이 발달한다.

3 잎(7월) 4 졸참나무와 잎의 톱니 비교(12월). 5 나무껍질(9월) : 세로로 깊게 갈라진다. 6 전체 모양(12월).
7 잎 뒷면의 털 모양(현미경 사진). 8 졸참나무 잎 뒷면의 털 모양(현미경 사진).

1 수꽃(4월) 2 어린 열매(8월). 3 잎(5월) 4 나무껍질(4월) 5 벌레집(8월) : 잎 앞면에 원형 벌레집이 생기는 경우가 많다. 6 열매(9월) : 각정이 표면이 젖혀지고 억센 조각으로 덮인다.

참나무과 참나무속 | 상수리나무

암회색 나무껍질이 세로로 깊게 갈라진다. 잎몸은 피침형이나 거꿀피침형이고, 잎가장자리에 노란색을 띠며 실처럼 가는 바늘형 톱니가 있다. 신갈나무와 떡갈나무, 졸참나무, 갈참나무는 견과가 1년 만에 익어 가지 끝에 달리지만, 상수리나무와 굴참나무는 2년 만에 익어 가지 중간에 달린다.

1 열매(9월) : 깍정이 표면이 젖혀지고 억센 조각으로 덮인다. 2 수꽃(4월) 3 나무껍질(4월) 4 잎(5월)
5 상수리나무와 잎 뒷면 비교(8월).

갈잎큰키나무

- 🔲 전국의 숲에 자생
- 🔲 어긋나기
- 🔲 홑잎, 피침형,
  8~15cm
- 🔲 4~5월
- 🔲 이듬해 9~10월

참나무과 참나무속 | **굴참나무**

암회색 나무껍질은 코르크층이 두껍게 발달한다.
잎몸은 피침형이나 거꿀피침형이고, 잎가장자리에
노란색을 띠며 실처럼 가는 바늘형 톱니가 발달한
다. 잎 뒷면에 털이 있고, 흰색을 띤다. 잎 모양이
비슷한 상수리나무는 잎 뒷면이 연한 녹색을 띠며,
나무껍질에 코르크층이 거의 발달하지 않는다.

늘푸른잎 참나무속 나무 식별하기

붉가시나무 종가시나무 참가시나무 가시나무

늘푸른잎 참나무속 나무의 잎

붉가시나무의 잎 뒷면

종가시나무 참가시나무 가시나무

종가시나무, 참가시나무, 가시나무의 잎 뒷면

검색표

1. 잎가장자리에 톱니가 없거나 거의 없다. -- 붉가시나무(129쪽)
1. 잎가장자리에 톱니가 5쌍 이상 있다.
  2. 잎 뒷면에 황갈색 털이 있다. -- 종가시나무
  2. 잎 뒷면에 털이 없거나 흰색이다.
    3. 잎가장자리에 밖으로 뻗는 톱니가 있고, 잎 뒷면은 털이 있거나 흰색 가루로 덮인다. -- 참가시나무
    3. 잎가장자리에 안으로 굽는 톱니가 있고, 잎 뒷면은 털이 없고 연두색이다.
      -- 가시나무

1 전체 모양(10월). 2 열매(10월) 3 잎(10월) 4 나무껍질(12월)

늘푸른큰키나무

- 남부 지방, 제주도의 숲에 자생
- 어긋나기
- 홑잎, 긴타원형, 7~13cm
- 5월
- 이듬해 10월

참나무과 참나무속 | **붉가시나무**

암회색 나무껍질은 매끄럽고, 껍질눈이 발달한다. 잎몸은 긴타원형이며, 잎가장자리에 톱니가 없거나 거의 없다. 견과를 둘러싸는 깍정이 표면은 매끄럽고, 원형 무늬가 있다. 드물게 자라는 개가시나무는 잎몸이 거꿀달걀형이고, 잎가장자리에 톱니가 발달하며, 뒷면에 누런색 털이 많다.

1 열매(4월) 2 잎(6월) 3 겨울눈(11월) 4 전체 모양(5월). 5 나무껍질(5월) 6 난티나무의 잎(5월).

나무껍질이 세로로 갈라진다. 잎몸은 거꿀달걀형이
나 타원형이며, 뒷면 맥 위에 털이 있고, 잎가장자
리에 겹톱니가 있다. 시과는 거꿀달걀형이나 타원
형이고, 씨는 날개의 중앙에서 약간 윗부분에 붙어
있다. 난티나무는 잎끝이 세 개 이상으로 갈라지는
것이 다르다.

갈잎큰키나무

- 🇫 전국의 숲에 자생
- 🍃 어긋나기
- 🍂 홑잎, 거꿀달걀형,
  3~10cm
- 📷 3~4월
- 🌿 4~5월

130

1 꽃(3월) 2 열매(5월) 3 잎(5월) 4 나무껍질(4월) 5 전체 모양(5월). 6 어린가지와 겨울눈(3월).

갈잎큰키나무

- 🇰 강원도에 자생
- 🔀 어긋나기
- 🍃 홑잎, 타원형, 3~5cm
- 📷 3월
- ✂ 5월

느릅나무과 느릅나무속 | **비술나무**

암회색 나무껍질이 조각조각 갈라지고, 나이가 들면 흰색 무늬가 생기기도 한다. 잎몸은 타원형이고 양면에 털이 없으며, 잎가장자리에 겹톱니가 있다. 시과는 원형이고, 씨는 날개의 중앙에 붙어 있다.

1 잎과 열매(10월). 2 잎가장자리(5월). 3 열매(11월). 4 나무껍질(11월). 5 전체 모양(2월).
6 어린가지와 겨울눈(3월).

느릅나무과 느릅나무속 | **참느릅나무**

나무껍질이 조각으로 벗겨진다. 타원형 잎몸이 두껍고, 양면에 털이 없다. 앞면에는 다소 광택이 나며, 잎가장자리에 끝이 둔한 홑톱니가 있다. 시과는 타원형이고, 씨는 날개의 중앙에 붙어 있다. 느릅나무속 나무 중에 유일하게 늦여름이나 가을에 꽃이 핀다.

갈잎큰키나무

- 🔲 경기도 이남 지방(주로 하천변)에 자생
- 🔲 어긋나기
- 🔲 홑잎, 타원형, 3~5cm
- 🔲 9월
- 🔲 9~11월

132

1 어린 열매(5월). 2 잎(5월) 3 가지(5월) : 큰 가시 같은 가지가 발달한다. 4 전체 모양(5월). 5 나무껍질(4월)

갈잎큰키나무

- 전국의 낮은 곳에 자생
- 어긋나기
- 홑잎, 타원형, 2~6cm
- 4~5월
- 9~10월

느릅나무과 시무나무속 | **시무나무**

회갈색 나무껍질이 깊게 갈라지며, 큰 가시 같은 가지가 발달한다. 잎몸은 거꿀달걀형이나 타원형이고, 뒷면 맥 위에 털이 있으며, 잎가장자리에 홑톱니가 있다. 시과는 반달형으로 끝이 두 개로 갈라지며, 씨는 구부러진다.

수꽃
암꽃

1

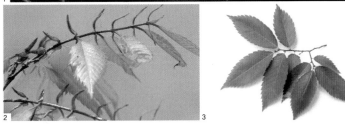

2   3

1 꽃(4월) 2 어린잎(4월) : 턱잎은 보통 일찍 떨어진다. 3 잎(9월) : 잎끝이 뾰족하고, 잎가장자리에 안으로 굽는 톱니가 있다.

느릅나무과 느티나무속 | 느티나무

적갈색이나 회갈색 나무껍질은 오랫동안 매끈하고 껍질눈이 가로 방향으로 발달하지만, 점차 비늘처럼 조각조각 벗겨진다. 잎몸은 달걀형이나 긴타원형이다. 열매는 찌그러진 원형으로 딱딱하다. 전국에 조경수로 흔히 식재하며, 크게 자란 개체가 많다.

갈잎큰키나무

- 전국에 자생 · 식재
- 어긋나기
- 홑잎, 긴타원형, 2~7cm
- 4~5월
- 10월

5의 라벨: 곁눈, 덧눈

4 열매(10월) 5 겨울눈(1월) 6 젊은 줄기의 나무껍질(4월). 7 나이 든 줄기의 나무껍질(6월). 8 전체 모양(8월).
9 전체 모양(11월) : 붉은색, 노란색, 갈색 단풍이 든다.

1 전체 모양(10월). 2 꽃(4월). 3 열매(10월) : 지름이 0.6~0.8cm이며, 노란색으로 익는다. 4 잎(10월) : 측맥이 잎가장자리의 끝에 닿지 않고 잎끝을 향한다. 5 나무껍질(6월) 6 어린가지와 겨울눈(1월) : 어린가지는 검은색으로 잔털이 있다.

느릅나무과 팽나무속 | 팽나무

잎가장자리 중앙 윗부분에 작은 톱니가 발달한다. 열매자루는 1.5cm 이하로 짧다. 왕팽나무는 잎끝이 평평하며 큰 톱니가 발달한다. 풍게나무는 열매가 검은색이고, 열매자루가 1~2.5cm로 길며, 잎 아랫부분까지 톱니가 발달한다. 푸조나무는 측맥이 잎끝을 향해 발달한다.

갈잎큰키나무

- 🌳 전국의 낮은 곳에 자생·식재
- 🍃 어긋나기
- 🍂 홑잎, 타원형, 4~11cm
- 🌸 4~5월
- 🍎 10월

7 왕팽나무의 잎(10월).　8 풍게나무의 잎(5월).　9 풍게나무의 열매(10월) : 열매가 검은색이고, 열매자루가 길다.
10 푸조나무의 잎(8월).　11 푸조나무의 잎(8월) : 측맥이 잎끝을 향해 발달한다.　12 푸조나무의 전체 모양(1월).

1 잎과 가시(8월) : 잎이 3개로 갈라지는 것도 있다. 2 잎(5월) 3 어린가지와 가시(5월). 4 나무껍질(5월)

뽕나무과 꾸지뽕나무속 | **꾸지뽕나무**

연갈색 나무껍질이 세로로 얕게 갈라진다. 가지에 두꺼운 가시가 있고, 어린가지에는 털이 있다. 잎몸은 달걀형이고, 세 개로 갈라지기도 한다. 잎가장자리가 밋밋하고, 뒷면에 털이 있다. 둥글고 울퉁불퉁한 복과는 붉은색으로 익으며, 먹을 수 있다.

갈잎작은키나무

🌏 남부 지방과 바닷가 주변에 자생

🍃 어긋나기

🍂 홑잎, 달걀형, 6~10cm

📷 5~6월

🍁 9~10월

1 전체 모양(6월). 2 암꽃(5월). 3 열매(6월) : 딸기를 닮았으며 붉은색으로 익는다. 4 잎(6월) 5 나무껍질(4월)

<table>
<tr><td colspan="2">

갈잎작은키나무

</td></tr>
</table>

갈잎작은키나무

- 🗺 충청도 이남에
  자생 · 식재
- 🌿 어긋나기
- 🍃 홑잎, 달걀형,
  5~20cm
- 📷 5~6월
- 🗓 6월

뽕나무과 닥나무속 | 닥나무

나무껍질은 회갈색이며, 어린가지에 털이 있다. 잎몸은 달걀형이고, 간혹 2~3개로 갈라진다. 잎끝이 길고, 잎몸의 아랫부분에 주맥에서 갈라진 측맥 두개가 뚜렷하다. 수꽃이삭은 원형으로 아래를 향하고, 암꽃이삭은 원형으로 붉은색 실 같은 암술대가 길게 발달한다.

1 암꽃(5월) 2 수꽃(5월) 3 열매(6월) : 붉은색에서 검은색으로 익는다. 보통 긴 암술대가 남는다.
4 잎(6월) : 잎끝이 길게 발달한다. 5 나무껍질(10월) : 회갈색이다.

뽕나무과 뽕나무속 | 산뽕나무

잎끝이 길게 발달하고, 잎가장자리에 톱니가 있다. 잎몸의 아랫부분에 주맥에서 갈라진 측맥 두 개가 뚜렷하다. 수꽃은 처지는 꼬리꽃차례로 달리며, 암꽃이삭은 타원형으로 암술대가 길게 발달한다. 뽕나무는 전국에 식재하며, 암술대가 상대적으로 짧다. 잎몸이 깊게 갈라지는 것을 가새뽕나무라 한다.

갈잎작은키나무

- 🌍 전국의 숲에 자생
- 🍃 어긋나기
- 🍂 홑잎, 달걀형,
  10~22cm
- ❄ 5월
- ✂ 6~7월

140

6 가새뽕나무의 잎(5월).   7 뽕나무의 전체 모양(6월).   8 뽕나무의 열매(6월) : 짧은 암술대가 남거나 떨어진다.
9 뽕나무의 잎(6월) : 잎끝이 보통 길게 발달하지 않는다.

1 잎(7월) 2 열매(9월) 3 전체 모양(9월). 4 어린가지와 겨울눈(11월). 5 말린 열매(12월).

뽕나무과 무화과나무속 | 무화과나무

나무껍질은 회백색이며, 어린가지는 갈색이나 녹갈색이다. 잎몸이 3~5개로 깊이 갈라지고, 잎가장자리에 파도형 톱니가 있다. 주머니 같은 꽃차례가 달리며, 그 안에 작은 꽃이 많다. 거꿀달걀형 열매가자주색으로 익으며, 먹을 수 있다.

갈잎떨기나무

- 남부 지방에 식재
- 어긋나기
- 홑잎, 손꼴형,
  10~20cm
- 5~6월
- 8~10월

1 어린 열매(5월). 2 잎아래(5월). 3 잎(6월). 4 어린 열매 단면(1월). 5 어린가지와 겨울눈(1월).
6 좁은잎천선과의 잎(6월).

갈잎작은키나무

- 남해안과 제주도에 자생
- 어긋나기
- 홑잎, 거꿀달걀형, 6~20cm
- 5~6월
- 8월~이듬해 2월

뽕나무과 무화과나무속 | 천선과나무

회백색 나무껍질이 매끈하다. 잎몸은 거꿀달걀형이나 타원형이고, 아랫부분에 주맥에서 갈라진 측맥 두 개가 뚜렷하다. 잎끝이 뾰족하고, 잎아래는 원형이나 심장형이며, 잎가장자리는 밋밋하다. 원형 열매는 자주색으로 익는다. 좁은잎천선과는 잎이 피침형으로 길게 발달하는 것이 다르다.

1 전체 모양(8월). 2 꽃(8월) 3 어린가지와 어린잎(6월).

쐐기풀과 모시풀속 | **좀깨잎나무**

가지는 붉은빛이 돌고, 잎몸은 달걀형으로 끝이 꼬
리처럼 길게 발달한다. 잎가장자리에는 큰 치아형
톱니가 있다. 거꿀달걀형 열매가 여러 개 모여서 둥
글게 달린다. 키가 1m 이하로 무척 작아서 마치 풀
처럼 보인다.

갈잎떨기나무

- 전국의 숲 속 자생
  (주로 계곡)
- 마주나기
- 홑잎, 달걀형, 4~8cm
- 7~8월
- 9~10월

1 전체 모양(2월). 2 열매(2월) 3 씨(2월) 4 겨울눈(2월) 5 전체 모양(3월) : 나무에 둥지처럼 모여서 달린다.
6 새싹(6월) : 기주식물(기생식물의 숙주가 되는 식물)의 나무껍질을 뚫고 새싹이 돋는다.

늘푸른떨기나무

- 🅵 전국의 숲 속 자생
- 🅺 마주나기
- 🅿 홑잎, 거꿀피침형,
  3~6cm
- 🅲 4월
- 🅼 8~10월

겨우살이과 겨우살이속 | **겨우살이**

다른 나무의 줄기에 기생하며 새 둥지처럼 둥글게 자란다. 잎자루가 거의 없고, 잎몸은 두껍고 거꿀피침형이며, 잎가장자리는 밋밋하다. 암수딴그루고 꽃은 가지 끝에 달린다. 원형 열매가 노란색으로 익고, 속은 매우 끈적끈적하다. 붉은겨우살이는 열매가 붉은색으로 익는다.

145

1 꽃(4월) 2 열매(10월) 3 씨(10월) 4 잎(11월) 5 나무껍질(11월) : 코르크층이 발달하며, 세로로 깊은 골이 진다.

쥐방울덩굴과 쥐방울덩굴속 | 등칡

나무껍질은 회갈색이고, 어린가지는 녹색이다. 잎몸은 원형이고, 잎아래는 심장형이며, 잎가장자리가 밋밋하다. 암수딴그루고 잎겨드랑이에 U자형으로 꼬부라지는 꽃이 한 송이씩 달린다. 열매는 긴타원형이고, 씨는 납작한 삼각형이다.

갈잎덩굴나무

- 🌳 전국의 숲에 자생 (주로 강원도)
- 🍃 어긋나기
- 🍂 홑잎, 원형, 10~26cm
- ❀ 4~5월
- 🍈 9~10월

1 잎과 꽃(6월). 2 열매(8월) 3 큰꽃으아리의 꽃(5월) : 크고 1송이씩 달리고, 꽃받침잎이 6~8장이다.
4 큰꽃으아리의 열매(8월). 5 으아리의 꽃(5월) : 5~30송이씩 달린다. 6 외대으아리의 꽃(6월) : 1~3송이씩 달린다.

<table>
<tr><td colspan="2">갈잎덩굴나무</td></tr>
</table>

🌳 전국의 숲에 자생
(주로 백두대간)

🍃 마주나기

🌿 깃꼴겹잎, 10~15cm

🌼 5~8월

🍂 8~11월

미나리아재비과 으아리속 | **할미밀망**

잎은 세겹잎이나 작은잎 다섯 장으로 구성된 깃꼴
겹잎이며, 잎가장자리에 톱니가 있다. 꽃은 세 송이
씩 취산꽃차례에 달리며, 꽃잎처럼 생긴 꽃받침잎
은 흰색이다. 사위질빵은 세겹잎이나 두번세겹잎이
달리며, 큰꽃으아리와 으아리, 외대으아리는 잎가
장자리가 밋밋하다.

1 전체 모양(10월). 2 암꽃(4월) : 가늘고 긴 붉은색 암술머리가 발달한다. 3 수꽃(4월) 4 어린 열매(5월).

계수나무과 계수나무속 | **계수나무**

나무껍질이 세로로 벗겨지고, 짧은가지가 발달한다. 잎몸은 원형으로 하트 모양과 비슷하며, 잎가장자리에 둔한 톱니가 있다. 측맥은 잎몸의 아랫부분에 주맥에서 4~6개가 갈라져 잎가장자리를 따라 잎끝으로 향한다. 암수딴그루고 가을에 노란색 단풍이 든다.

갈잎큰키나무

- 🌳 전국에 식재
- 🍃 마주나기
- 🍂 홑잎, 원형, 3~7cm
- 🌸 4~5월
- 🍎 8~9월

148

5 잎(5월) 6 잎가장자리(6월) 7 어린가지와 어린잎(4월). 8 나무껍질(4월) 9 어린가지와 겨울눈(11월).

겨울눈

짧은가지

긴가지

1 전체 모양(5월). 2 꽃(5월) 3 잎(5월) 4 열매(5월) 5 벌어진 열매(1월). 6 흰 꽃(5월) : 꽃잎은 흔히 붉은색이지만, 다양한 원예 품종이 있다.

작약과 작약속 | **모란**(목단)

잎은 두번세겹잎이고, 작은잎은 달걀형이며 보통 3~5개로 갈라진다. 뒷면에 잔털이 있고 보통 흰빛을 띤다. 지름 15cm가 넘는 꽃이 피며, 수술이 많고, 암술은 보통 5~6개로 털이 있다. 별 모양 열매가 익으면 벌어지고, 검고 둥근 씨가 드러난다.

갈잎떨기나무

- 🔲 전국에 식재
- 🔲 어긋나기
- 🔲 두번세겹잎, 15~30cm
- 🔲 4~5월
- 🔲 8~9월

150

1 꽃(4월) : 수꽃은 작고 많이 달리며, 암꽃은 크고 적게 달린다. 꽃잎은 없고, 연보라색 꽃받침잎이 3장 있다.
2 잎(5월) 3 어린 열매(6월). 4 열매(9월) : 갈색으로 익으면 벌어지고, 먹을 수 있다. 5 나무껍질(4월)
6 전체 모양(5월).

갈잎덩굴나무

- 🇰 전국의 숲에 자생 (강원도 제외)
- 🔵 모여나기(오래 된 가지), 어긋나기(새가지)
- 🍃 손꼴겹잎, 7~15cm
- ✿ 4~5월
- 🔴 9~10월

으름덩굴과 으름덩굴속 | 으름덩굴

가지는 털이 없고 갈색이다. 손꼴겹잎은 작은잎 5~6장으로 구성된다. 작은잎의 잎몸은 거꿀달걀형 이나 타원형이고, 잎끝이 오목하며, 잎가장자리는 밋밋하다. 암수한그루로 꽃은 총상꽃차례에 달린 다. 멀꿀은 늘푸른덩굴나무로 잎몸이 두꺼우며, 잎 끝이 뾰족하다.

1 꽃과 나무껍질(5월). 2 꽃(4월) : 꽃받침잎이 6장 있으며, 바깥쪽 3장은 넓고, 안쪽 3장은 좁다. 3 열매(9월)
4 어린잎(5월) 5 잎(9월)

으름덩굴과 멀꿀속 | **멀꿀**

어린가지는 털이 없고 녹색이다. 손꼴겹잎은 작은
잎 5~7장으로 구성되고, 작은잎의 잎몸은 달걀형이
나 타원형이다. 잎끝이 뾰족하며, 잎가장자리는 밋
밋하다. 암수딴그루로 흰 꽃은 안쪽에 자주색 줄이
있고, 총상꽃차례에 달린다. 열매는 적갈색으로 익
고, 속은 노란색이다.

늘푸른덩굴나무

- 🔲 전라남도, 제주도에
  자생
- 🔲 모여나기, 어긋나기
- 🔲 손꼴겹잎, 12~24cm
- 🔲 4~5월
- 🔲 8~10월

1 꽃(5월) : 노란 꽃은 처지는 총상꽃차례로 모여서 핀다. 2 열매(11월) 3 어린가지(5월) : 가시가 발달한다.
4 가시(11월) : 드물게 별 모양 가시도 있다. 5 잎(5월) 6 전체 모양(5월).

갈잎떨기나무

- 🗺 경기도, 강원도 일부
  숲에 자생
- 🌿 모여나기(오래 된 가지),
  어긋나기(새가지)
- 🍃 홑잎, 거꿀달걀형,
  4~7cm
- 🌸 5월
- 🍂 9~10월

매자나무과 매자나무속 | **매자나무**

어린가지에 보통 길이 1cm 이하의 가시가 있다. 잎
몸은 거꿀달걀형이고, 잎가장자리에 짧은 바늘형
톱니가 있다. 원형 열매가 붉은색으로 익는다. 매발
톱나무는 열매가 타원형이며, 어린가지에 길이 1cm
가 넘는 가시가 세 개로 갈라지는 경우가 많다.

1 꽃(6월) 2 잎(6월) : 잎가장자리에 바늘형 톱니가 있다. 3 가시(6월) : 보통 3갈래로 갈라진다. 4 지난해 열매(5월).
5 전체 모양(6월).

매자나무과 매자나무속 | **매발톱나무**

어린가지에 보통 길이 1cm 이상이고 세 개로 갈라
지는 가시가 있다. 잎몸은 거꿀달걀형이고, 잎가장
자리에 긴 바늘형 톱니가 있다. 노란 꽃은 처지는
총상꽃차례로 모여서 핀다. 타원형 열매는 붉은색
으로 익는다.

갈잎떨기나무

- 🌏 전국의 숲에 자생
  (주로 백두대간)
- 🌿 모여나기(오래 된 가지),
  어긋나기(새가지)
- 🍃 홑잎, 거꿀달걀형,
  4~8cm
- 📷 5~6월
- 🍂 9~10월

1 꽃(6월) 2 열매(6월) 3 어린가지와 가시(11월) : 어린가지는 세로로 골이 진다. 4 전체 모양(12월).

갈잎떨기나무

- 전국에 식재
- 모여나기(오래 된 가지), 어긋나기(새가지)
- 홑잎, 거꿀달걀형, 2~4cm
- 5~6월
- 6~9월

매자나무과 매자나무속 | **일본매자나무**

가지는 털이 없고 세로로 골이 지며, 가시가 발달한다. 잎몸은 거꿀달걀형이고, 잎가장자리는 밋밋하다. 꽃은 3~5송이가 짧고 처지는 총상꽃차례에 달리며, 타원형 열매가 붉은색으로 익는다. 당매자나무는 꽃 8~15송이가 총상꽃차례에 달린다.

1 꽃(6월) 2 잎(1월) : 세번깃꼴겹잎이다. 3 작은잎(11월) : 3장씩 모여난다. 4 열매(11월) 5 전체 모양(12월).
6 흰 열매(12월) : 열매가 흰색으로 익는 개체도 있다.

매자나무과 남천속 | **남천**

늘푸른떨기나무

🌏 남부 지방에 식재
🍃 모여나기, 어긋나기
🍂 세번깃꼴겹잎,
   30~50cm
🌸 6~7월
🍒 9~10월

잎은 세번깃꼴겹잎이고 마디가 있다. 작은잎의 잎
몸은 긴타원형이나 피침형이고, 표면에 윤기가 나
며, 잎가장자리가 밋밋하다. 흰 꽃이 원추꽃차례에
달리고, 둥근 열매가 붉은색으로 익는다. 보통 남부
지방에 식재하고, 간혹 중부 지방에도 심지만 겨울
에 얼어 죽는 경우가 많다.

1 꽃(4월) 2 열매(6월) 3 작은잎(6월) 4 나무껍질(11월) 5 전체 모양(7월). 6 중국남천의 잎(11월).

<table>
</table>

늘푸른떨기나무	매자나무과 뿔남천속 ㅣ **뿔남천**

늘푸른떨기나무

🗺 남부 지방에 식재
🌿 모여나기
📏 깃꼴겹잎, 30~50cm
🌸 3~4월
🍒 6~8월

누런색 나무껍질에 코르크층이 발달한다. 잎은 깃꼴겹잎이고, 총잎자루에 마디가 있다. 작은잎은 두껍고 잎몸이 달걀형이며, 잎가장자리에 날카로운 톱니가 있다. 둥근 열매는 남색으로 익으며, 표면이 흰 가루로 덮인다. 중국남천은 작은잎의 잎몸이 피침형이다.

꽃덮이

암술의 모둠

수술

1 꽃(5월) 2 꽃의 단면(5월). 3 잎(10월)

목련과 튜울립나무속 | **튜울립나무(백합나무, 옐로우포플러)**

나무껍질이 세로로 길게 갈라지고, 어린가지는 턱
잎자국이 뚜렷하다. 잎몸은 4~6개로 갈라지며, 잎
끝을 수평으로 자른 듯한 모양이고, 잎가장자리는
밋밋하다. 튤립 꽃과 비슷한 꽃이 한 송이씩 달리는
데, 전체적으로 연두색이고 밑 쪽에 주황색 무늬가
있다. 가을에 노란 단풍이 든다.

갈잎큰키나무

🌳 전국에 식재

🍃 어긋나기

🍂 홑잎, 달걀형,
   13~20cm

🌸 5~6월

🍁 9~10월

앞자국

턱잎자국

4 열매(12월) 5 지난해 열매(4월) : 씨가 날아갔다. 6 씨(10월) : 끝이 날개처럼 길어진다.
7 어린가지(4월) : 가지를 1바퀴 두른 턱잎자국이 뚜렷하며, 이는 목련과 나무의 공통점이다. 8 전체 모양(4월).
9 나무껍질(5월)

1 전체 모양(4월). 2 꽃(4월). 3 꽃의 단면(4월). 4 열매(10월) 5 잎(6월) : 잎몸은 거꿀달걀형이고, 잎끝은 전체적으로 둥글며, 끝이 급히 뾰족하게 돌출된다.

목련과 목련속 | 백목련

꽃이 활짝 열리지 않으며, 꽃받침잎 세 장과 꽃잎 여섯 장이지만, 모양이 비슷하여 꽃잎 아홉 장으로 보인다. 자주목련은 꽃이 백목련과 비슷한데, 꽃덮이 바깥쪽이 자주색이다. 목련은 꽃이 활짝 열리며, 꽃받침잎 세 장이 작아서 꽃잎과 구분되며, 잎끝이 점점 뾰족해진다. 별목련은 꽃잎이 12~18장이다.

갈잎큰키나무

- 전국에 식재
- 어긋나기
- 홑잎, 거꿀달걀형, 10~15cm
- 3~4월
- 9~10월

160

꽃눈

잎눈

잎자국

턱잎자국

목련

백목련

6 어린 가지와 겨울눈(11월) : 가지에 턱잎자국이 뚜렷하고, 겨울눈에 털이 있다.   7 열매자국(12월)
8 목련과 잎 비교(7월).   9 **자주목련**의 꽃(5월).   10 **별목련**의 꽃(4월).

1 꽃(4월)　2 꽃잎과 꽃받침잎(4월) : 큰 꽃잎이 6장, 작은 꽃받침잎이 3장이다.　3 열매(9월)
4 잎(7월) : 잎끝이 점점 뾰족해진다.　5 나무껍질(4월) : 회색으로 매끈하고, 껍질눈이 있다.

어린가지는 턱잎자국이 뚜렷하고, 흰 꽃이 잎보다 먼저 핀다. 조경수로 식재하는 것은 대부분 백목련이며, 같은 곳에 식재하면 목련이 백목련보다 10일 정도 먼저 꽃이 핀다. 자목련은 꽃이 목련과 비슷하지만 꽃덮이는 안쪽이 연한 자주색, 바깥쪽이 자주색이다.

갈잎큰키나무

🌳 제주도에 자생,
　전국에 식재

🌿 어긋나기

🍃 홑잎, 거꿀달걀형,
　8~15cm

🌸 3~4월

🍒 9~10월

162

1 꽃(5월) 2 열매(9월) 3 잎(5월) 4 어린잎 뒷면(4월) : 털이 있다. 5 나무껍질(4월) 6 어린가지와 겨울눈(11월).

갈잎큰키나무

- 전국에 식재
- 모여나기(가지 끝), 어긋나기
- 홑잎, 거꿀달걀형, 20~40cm
- 5월
- 9~10월

목련과 목련속 | 일본목련

나무껍질은 회갈색으로 매끈하고, 껍질눈이 있다. 어린가지는 턱잎자국이 뚜렷하며, 겨울눈은 크고 털이 없다. 잎몸은 크고 거꿀달걀형이며, 뒷면은 희고 잔털이 있다. 잎이 난 다음에 가지 끝에 꽃이 한 송이씩 핀다. 희고 두툼한 꽃잎 6~9장과 그보다 약간 짧은 꽃받침잎이 세 장 있다.

1 잎(11월) 2 잎 뒷면(11월) 3 꽃(7월) 4 어린 열매(7월). 5 어린가지(11월) : 털이 있고, 턱잎자국이 뚜렷하다.
6 전체 모양(6월).

목련과 목련속 | 태산목

나무껍질은 암갈색으로 매끈하고, 껍질눈이 있다.
잎몸은 크고 거꿀달걀형이나 긴타원형이며, 뒷면은
누런색 털이 빽빽하다. 크고 흰 꽃이 가지 끝에 한
송이씩 달리며, 큰 꽃잎 9~12장과 짧고 작은 꽃받
침잎 세 장이 있다.

늘푸른큰키나무

- 🌳 남부 지방에 식재
- 🍃 어긋나기
- 🌿 홑잎, 거꿀달걀형,
  12~23cm
- 🌸 5~7월
- 🍂 10월

1 꽃(6월) 2 열매(9월) 3 잎(6월) 4 나무껍질(10월) : 회갈색으로 매끈하고, 껍질눈이 있다.
5 어린가지와 겨울눈(12월).

갈잎작은키나무

- 전국의 숲에 자생
- 어긋나기
- 홑잎, 거꿀달걀형,
  6~15cm
- 5~6월
- 9월

목련과 목련속 | **함박꽃나무**

어린가지는 턱잎자국이 뚜렷하고, 겨울눈은 겉에 짧은 갈색 털이 있다. 잎몸은 거꿀달걀형이며, 뒷면은 잎맥 위에 털이 있다. 잎이 난 뒤 가지 끝에 꽃이 한 송이씩 아래를 향해 핀다. 희고 두툼한 꽃잎 여섯 장과 꽃받침잎 세 장이 있지만, 모양이 비슷하여 꽃잎 아홉 장으로 보인다.

1 열매(9월) 2 꽃(5월) 3 잎(10월) 4 어린가지와 겨울눈(11월). 5 **남오미자**의 잎(11월).

오미자과 오미자속 | **오미자**

잎몸은 달걀형이나 타원형이며, 잎가장자리에 작은 톱니가 있다. 암수딴그루로 흰 꽃이 핀다. 둥근 열매가 포도송이처럼 길게 모여 달리며, 붉은색으로 익는다. 남오미자는 남부 지방에 자생하는 늘푸른 덩굴나무로, 잎몸이 두껍고 열매는 둥글게 모여 달린다.

갈잎덩굴나무

- 전국의 숲에 자생
- 어긋나기
- 홑잎, 달걀형, 7~10cm
- 5~6월
- 9~10월

1 꽃(5월) 2 잎(5월) 3 잎 뒷면(5월). 4 전체 모양(3월).

<table>
<tr><td colspan="2">늘푸른작은키나무</td></tr>
</table>

☘	남해안과 제주도 자생, 남부 지방에 식재
🌿	모여나기, 어긋나기
🍃	홑잎, 긴타원형, 5~10cm
🌸	3~4월
🍎	9~10월

붓순나무과 붓순나무속 | **붓순나무**

회색 나무껍질이 매끈하다. 긴타원형 잎몸은 두껍고 양면에 털이 없으며, 잎가장자리가 밋밋하다. 흰 꽃은 꽃잎 열두 장과 꽃받침잎 여섯 장으로 구성된다. 바람개비 모양 열매가 달린다.

1 어린가지와 꽃(4월). 2 꽃(4월) : 꽃덮이는 6장이다. 3 열매(9월) : 둥근 열매가 붉은색에서 검은색으로 익는다.
4 잎(5월) : 보통 3~5개로 갈라지며, 잎가장자리는 밋밋하다. 5 나무껍질(11월) : 회색이며 껍질눈이 많다.

녹나무과 생강나무속 | 생강나무(개동백나무)

갈잎떨기나무

가지를 자르거나 잎을 찢으면 향긋한 냄새가 난다.
겨울눈은 길고 뾰족한 잎눈과 둥글고 뭉뚝한 꽃눈
이 따로 달린다. 암수딴그루로 노란 꽃이 산형꽃차
례에 달리고, 잎보다 먼저 핀다. 떨기나무로 노란
꽃이 잎보다 먼저 피어 비슷한 털조장나무와 산수
유가 있다.

- ◨ 전국의 숲에 자생
- ◩ 어긋나기
- ◪ 홑잎, 달걀형,
  6~15cm
- ◌ 3~5월
- ◼ 9~10월

6 전체 모양(10월). 7 어린가지와 겨울눈(10월) : 어린가지는 녹색이다. 8 **털조장나무**의 꽃(3월) : 전라남도에 자생하며, 타원형 잎몸은 갈라지지 않는다. 큰 잎눈 아래 꽃이 모여서 핀다. 9 **산수유**의 꽃(3월) : 꽃자루가 길고, 꽃덮이가 4장이다.

꽃눈
잎눈

1 열매(10월) 2 꽃(5월) 3 잎(5월) 4 겨울눈(11월) 5 나무껍질(11월) : 껍질눈이 발달하고, 비늘처럼 조각조각 벗겨져 지저분해 보인다.

녹나무과 생강나무속 | **비목나무**

어린가지 끝에 뾰족한 잎눈이 있으며, 그 주위에 둥글고 뭉뚝한 꽃눈이 달린다. 잎몸은 긴타원형이고, 잎가장자리는 밋밋하다. 암수딴그루로 노란 꽃이 산형꽃차례에 달리고, 꽃덮이가 여섯 장 있으며, 잎과 함께 핀다. 둥근 열매는 붉은색으로 익는다.

갈잎큰키나무

- 🗺 경기도 이남의 숲에 자생
- 🌿 모여나기, 어긋나기
- 🍃 홑잎, 긴타원형, 5~15cm
- 🌸 4~5월
- 🍒 8~10월

1 어린 열매(7월). 2 잎(5월) 3 잎(5월) 4 겨울눈(11월) 5 전체 모양(6월). 6 나무껍질(11월)

늘푸른큰키나무

- 🌏 남부 지방과 울릉도에 자생·식재
- 🍃 모여나기, 어긋나기
- 🍂 홑잎, 거꿀달걀형, 7~15cm
- ❀ 5월
- 🍒 이듬해 7~8월

녹나무과 후박나무속 | **후박나무**

나무껍질은 녹갈색으로 매끈하고, 어린가지는 녹색이다. 거꿀달걀형 잎몸은 두껍고, 잎끝이 뾰족하게 돌출되며, 잎가장자리는 밋밋하다. 암수한그루로 황록색 꽃이 원추꽃차례에 달리며, 잎과 함께 핀다. 둥근 열매는 검은색으로 익는다. 전체 모양이 보기 좋아 남부 지방에서 조경수로 흔히 식재한다.

1 잎(5월) 2 열매(1월) 3 어린잎(6월) : 갈색 털로 뒤덮인다. 4 잎 뒷면(1월) : 갈색 털이 군데군데 있다.
5 잎 뒷면(8월) : 오래 되면 털이 떨어지고, 흰색으로 바뀐다.

녹나무과 참식나무속 | **참식나무**

나무껍질은 회색으로 매끈하고, 어린가지는 녹색이다. 암수딴그루로 노란 꽃이 산형꽃차례에 달린다. 둥근 열매가 붉은색으로 익는다. 새덕이는 잎이 긴 타원형이고, 붉은색 꽃이 봄에 피며, 열매는 검은색으로 익는다. 생달나무는 잎뒷면이 회록색이고 털이 없으며, 잎을 찢으면 향긋한 냄새가 강하다.

늘푸른큰키나무

- 🏔 남부 지방과 울릉도에 자생
- 🌿 모여나기, 어긋나기
- 🍃 홑잎, 타원형, 7~15cm
- 🌼 10~11월
- 🍒 이듬해 9~11월

172

6 전체 모양(11월). 7 나무껍질(11월) 8 새덕이(5월) 9 생달나무와 잎 뒷면 비교(11월) : 둘 모두 주맥의 아랫부분에서 갈라진 측맥 2개가 뚜렷하지만, 털의 유무로 식별할 수 있다. 단 참식나무 역시 잎이 오래 되면 털이 없어지므로 유의해야 한다.

1 어린 열매(9월). 2 잎 뒷면(1월). 3 열매(10월). 4 겨울눈(11월). 5 나무껍질(11월). 6 전체 모양(11월).

녹나무과 녹나무속 | 생달나무

나무껍질은 매끈하고, 어린가지는 녹색이다. 타원형 잎몸이 두껍고, 잎 뒷면은 흰색이고 털이 없으며, 잎가장자리는 밋밋하다. 타원형 열매가 짙은 남색으로 익는다. 녹나무는 나무껍질이 세로로 깊게 갈라지며, 잎맥의 겨드랑이 부분에 샘이 있다. 육계나무는 잎몸이 보통 굽고 잎끝이 길어진다.

늘푸른큰키나무

- 🌳 남부 지방에 자생
- 🍃 어긋나기
- 🍂 홑잎, 타원형, 6~15cm
- ☀ 5~6월
- 🌱 9~11월

174

7 녹나무의 잎과 꽃(6월). 8 녹나무의 잎 뒷면(8월) : 잎맥의 겨드랑이 부분에 샘이 있다.
9 녹나무의 전체 모양(8월). 10 육계나무의 잎(6월) : 긴타원형 잎몸이 보통 굽고, 잎끝이 길게 발달한다.

1 잎과 꽃(4월). 2 꽃(4월) 3 어린 열매(6월). 4 잎(5월) 5 어린가지(6월) : 털이 많다. 6 전체 모양(4월).

범의귀과 말발도리속 | **매화말발도리**

갈잎떨기나무

나무껍질은 벗겨지며, 어린가지는 갈색 털이 빽빽
하다. 긴타원형 잎몸은 양면에 털이 있으며, 잎가장
자리에 불규칙한 톱니가 있다. 흰 꽃이 지난해 가지
에서 한 송이씩 달리며 꽃끼리 마주나고, 짧은 꽃받
침잎이 있다. 바위말발도리는 꽃 2~4송이가 산방꽃
차례에 달리고, 꽃받침잎이 열매보다 길다.

- 전국의 숲에 자생
- 마주나기
- 홑잎, 긴타원형,
  3~7cm
- 4~5월
- 10월

176

1 꽃(6월) 2 열매(10월) 3 잎(6월) 4 어린가지(10월) : 붉은색이고 벗겨진다.

갈잎떨기나무

- 🏠 전국의 숲에 자생 (주로 백두대간)
- 🌿 마주나기
- 🍃 홑잎, 타원형, 4~9cm
- ❀ 5~6월
- 🍂 9~10월

범의귀과 말발도리속 | **물참대**

나무껍질은 붉은색이고 벗겨진다. 타원형이나 거꿀 달걀형 잎몸은 뒷면에 털이 없고, 잎가장자리에 불 규칙한 톱니가 있다. 흰 꽃이 산방꽃차례에 달린다. 말발도리는 나무껍질이 회색이고 벗겨지지 않으며, 잎은 양면에 털이 빽빽하다.

1 꽃(6월) 2 어린 열매(6월). 3 잎(8월) 4 골속(3월) 5 전체 모양(9월). 6 만첩빈도리(6월)

범의귀과 말발도리속 | **빈도리**(일본말발도리)

나무껍질은 회색이고 벗겨지며, 어린가지는 붉은색이고 골속은 비었다. 달걀형이나 타원형 잎몸은 양면에 털이 있고, 잎가장자리에 톱니가 있다. 흰꽃이 총상꽃차례나 원추꽃차례에 달린다. 만첩빈도리는 겹꽃이 핀다.

갈잎떨기나무

- 🔲 전국에 식재
- 🔲 마주나기
- 🔲 홑잎, 달걀형, 3~8cm
- 🔲 6월
- 🔲 8~10월

1 꽃(5월) 2 열매(11월) 3 잎(11월) 4 전체 모양(6월).

| 갈잎떨기나무 | 범의귀과 말발도리속 \| **애기말발도리** |

🏠 전국에 식재
🔀 마주나기
🍃 홑잎, 피침형, 3~6cm
🌼 5~6월
🍂 8~10월

어린가지는 털이 없고 붉은색이며, 벗겨지지 않는다. 피침형이나 긴타원형 잎몸은 양면에 털이 있고, 잎가장자리에 톱니가 있다. 흰 꽃이 총상꽃차례나 원추꽃차례에 달린다. 열매에 암술대가 남는다.

1 꽃(5월) 2 잎(5월) 3 겨울눈(11월) 4 암술대와 화반(6월) : 전체에 털이 있고, 암술대는 깊게 갈라진다.
5 얇은잎고광나무의 꽃(5월) : 암술대와 화반에 털이 없다. 6 애기고광나무의 지난해 열매(3월) : 꽃이 7~9송이씩
달린다.

범의귀과 고광나무속 | **고광나무**

갈잎떨기나무

어린가지는 갈색으로 벗겨지고, 잎자국 안에 묻힌 눈이 있다. 달걀형 잎몸은 뒷면 맥 위에 털이 있으며, 잎가장자리에 뾰족한 톱니가 있다. 흰 꽃 5~7송이가 총상꽃차례에 달리고, 꽃받침잎과 암술대, 화반(암술대 밑 부분)에 털이 있다. 비슷한 것으로 얇은잎고광나무와 애기고광나무가 있다.

- 🌲 전국의 숲에 자생
- 🍃 마주나기
- 🌿 홑잎, 달걀형, 4.5~10cm
- 🌸 5~6월
- 🍂 9~10월

180

1 전체 모양(7월). 2 꽃(8월) 3 잎(7월) 4 어린가지와 겨울눈(12월) : 겨울눈은 맨눈이다.

갈잎떨기나무

- 전국에 식재
- 마주나기
- 홑잎, 달걀형, 7~15cm
- 6~8월
- 열매 맺지 못함

달걀형이나 타원형 잎몸은 두껍고, 잎가장자리에 톱니가 있다. 꽃은 하늘색이나 분홍색이고, 꽃잎처럼 생긴 꽃받침잎이 4~5장 있다. 모두 중성꽃으로 크고 둥글게 산방꽃차례로 달리며, 열매를 맺지 못한다. 여러 원예 품종이 있다.

1 전체 모양(8월). 2 꽃(8월) 3 양성꽃과 중성꽃(8월). 4 잎(10월) 5 열매(11월) 6 큰나무수국(8월)

범의귀과 수국속 | **나무수국**

타원형 잎몸은 뒷면 맥 위에 털이 있으며, 잎가장자리에 톱니가 있다. 흰 꽃은 간혹 붉은빛이 돌기도 한다. 꽃잎처럼 생긴 꽃받침잎이 네 장 있고, 양성꽃과 중성꽃이 함께 가지 끝에 큰 원추꽃차례로 달린다. 큰나무수국은 중성꽃만 달리는 것이 다르다.

갈잎떨기나무

- 🌱 전국에 식재
- 🍃 마주나기, 3장씩 돌려나기
- 🍂 홑잎, 타원형, 5~12cm
- 🌸 7~8월
- 🍎 10~11월

182

1 푸른색 꽃(6월). 2 자주색 꽃(6월). 3 지난해 열매(2월). 4 잎(6월) 5 **등수국**의 줄기(11월) : 뿌리가 나서 다른 나무나 바위에 붙어 자란다. 6 **등수국**의 잎과 꽃봉오리(5월).

갈잎떨기나무

- 🌏 전국에 자생 · 식재
- 🍃 마주나기
- 🍂 홑잎, 타원형,
  5~15cm
- 🌸 6~8월
- 🍎 9~10월

범의귀과 수국속 | **산수국**

어린가지는 털이 있다. 잎의 양면 맥 위에 털이 있고, 잎끝이 길고 뾰족하며, 잎가장자리에 톱니가 있다. 산방꽃차례 가운데 양성꽃이 있고, 둘레에 중성꽃이 달린다. 등수국은 갈잎덩굴나무로 남해안과 울릉도에 자생한다.

1 꽃(6월) 2 잎(6월) 3 나무껍질과 공기뿌리(6월).

<table>
<tr><td>범의귀과 바위수국속 | 바위수국</td></tr>
</table>

갈잎덩굴나무

줄기는 뿌리가 내려 바위나 다른 나무를 타고 오른
다. 잎몸은 달걀형이고, 잎아래는 심장형이며, 잎가
장자리에 뾰족한 톱니가 있다. 산방꽃차례에 가까
운 취산꽃차례 가운데 양성꽃이 있고, 둘레에 달걀
형 흰 꽃받침잎이 한 장 있는 중성꽃이 달린다. 등
수국은 중성꽃에 꽃받침잎이 4~5장 있다.

- ⬛ 제주도, 울릉도의
  숲에 자생
- ⬛ 마주나기
- ⬛ 홑잎, 달걀형,
  5~12cm
- ⬛ 5~6월
- ⬛ 7~8월

184

1 꽃(4월) 2 열매(10월) 3 잎(10월) 4 전체 모양(5월). 5 까치밥나무의 열매(5월) : 총상꽃차례에 달린다.

갈잎떨기나무
🏔 강원도 이남의 숲에 자생
🍃 어긋나기
🍂 홑잎, 손꼴형, 5~10cm
🌸 4~5월
🍎 10월

범의귀과 까치밥나무속 | **까마귀밥나무**(까마귀밥여름나무)

손꼴형 잎몸이 3~5개로 갈라지며, 잎끝은 뭉뚝하고 잎가장자리에 둔한 톱니가 있다. 암수딴그루로 노란 꽃이 잎겨드랑이에 3~5송이씩 달린다. 둥근 열매는 붉은색으로 익는다. 까치밥나무는 잎끝이 뾰족하고, 암수한그루로 보통 30송이가 넘는 꽃이 총상꽃차례에 달린다.

1 꽃(6월) 2 열매(10월) 3 벌어진 열매(12월). 4 잎(11월) 5 나무껍질(10월) 6 전체 모양(6월).

돈나무과 돈나무속 | **돈나무**

나무껍질에 껍질눈이 많다. 잎몸은 두껍고 거꿀달 걀형이다. 잎끝이 둔하고, 잎가장자리는 밋밋하며 뒤로 말린다. 흰색이나 노란색 꽃이 취산꽃차례에 달린다. 원형 열매는 익으면 벌어지고, 붉은 씨가 드러난다.

늘푸른떨기나무

- 🔽 남해안과 제주도에 자생·식재
- 🔽 모여나기(가지 끝), 어긋나기
- 🔽 홑잎, 거꿀달걀형, 4~7cm
- 🔽 5~6월
- 🔽 10월

1 꽃(3월) 2 열매(9월) 3 잎(5월) 4 전체 모양(3월). 5 어린가지와 겨울눈(11월) : 털이 많다.
6 원예 품종의 꽃(2월) : 꽃잎이 붉은색이고 구부러지는 등 여러 원예 품종이 있다.

갈잎작은키나무

- 🗺 강원도 이남에 식재
  (주로 남부 지방)
- 🍃 어긋나기
- 🍂 홑잎, 타원형,
  8~13cm
- 🌸 2~4월
- 🍎 10~11월

조록나무과 풍년화속 | **풍년화**

회갈색 나무껍질이 매끄럽다. 잎몸은 타원형이고,
잎가장자리에 파도형 톱니가 있다. 겨울이 끝나기
도 전에 꽃이 잎보다 먼저 피며, 꽃잎 네 장은 긴 선
형이고 꽃받침은 네 장은 뒤로 젖혀진다. 원형 열매
는 겉에 짧고 누런 털이 빽빽하다.

1 꽃(4월) 2 꽃(4월) 3 어린 열매(6월) : 암술대가 남는다. 4 잎(8월) : 잎몸은 원형에 가까운 달걀형이고, 측맥이 뚜렷하다.

조록나무과 히어리속 | **히어리**(송광납판화)

잎아래는 심장형이고, 잎가장자리에 톱니가 있다. 노란 꽃 8~12송이가 처지는 총상꽃차례에 잎보다 먼저 핀다. 총꽃자루에는 털이 없다. 비슷한 것으로 외국에서 들여 와 두 종을 식재한다. 도사물나무는 총꽃자루에 털이 있으며, 일행물나무는 총상꽃차례에 1~3송이 꽃이 달리는 점으로 식별한다.

갈잎떨기나무

- 🔲 전라남도와 경기도(수원, 포천)에 자생, 전국에 식재
- 🔲 어긋나기
- 🔲 홑잎, 달걀형, 5~12cm
- 🔲 3~4월
- 🔲 9~10월

188

5 나무껍질(8월). 6 어린가지와 겨울눈(11월). 7 전체 모양(4월). 8 일행물나무의 꽃(4월) : 1~3송이 달린다.
9 도사물나무의 꽃(4월). 10 도사물나무의 총꽃자루(4월) : 털이 있다.

1 전체 모양(4월). 2 암꽃이삭(5월) : 꽃이 공처럼 모여서 핀다. 3 수꽃이삭(4월) 4 열매(10월) 5 씨(9월)

버즘나무과 버즘나무속 | 양버즘나무

갈잎큰키나무

잎몸이 3~5개로 갈라지고, 잎가장자리는 드문드문 톱니가 있거나 밋밋하며, 턱잎은 2cm 이상으로 크다. 둥근 열매가 긴 자루에 한 개씩 달린다. 버즘나무는 열매 2~6개가 함께 달리고, 턱잎이 1cm 이하로 작다. 단풍버즘나무는 열매가 1~3개 달리며, 턱잎이 1cm 이상이다.

- 전국에 식재
- 어긋나기
- 홑잎, 손꼴형, 10~25cm
- 4~5월
- 9~10월

6 잎(9월) 7 턱잎(8월) 8 나무껍질(4월) 9 나무껍질(4월) : 나무껍질이 벗겨져 얼룩무늬가 생기기도 한다.
10 어린가지와 겨울눈(11월) : 가짜끝눈이다. 11 겨울눈(11월) : 잎자루가 떨어지면 드러나는 잎자루안겨울눈이다.

1 어린가지와 수꽃(4월). 2 열매(10월) 3 잎(5월) 4 잎가장자리(5월)

두충과 두충속 | **두충**

암갈색 나무껍질이 세로로 갈라진다. 잎과 열매를 찢으면 실 같은 진이 나온다. 잎몸은 타원형이고, 잎끝이 길고 뾰족하게 발달하며, 잎가장자리에 톱니가 있다. 암수딴그루로 꽃은 꽃덮이가 없고, 긴타원형 열매는 날개가 있다.

갈잎큰키나무

- 🌲 전국에 식재
- 🍃 어긋나기
- 🍂 홑잎, 타원형, 5~13cm
- 🌼 4~5월
- 🍁 10월

5 어린가지와 겨울눈(3월). 6 나무껍질(11월) 7 전체 모양(12월). 8 잎(5월) : 찢으면 실 같은 진이 나온다.
9 열매(5월) 10 말린 나무껍질은 약재로 쓴다.

1 꽃(5월) 2 열매(5월) 3 지난해 열매(4월). 4 잎 뒷면(5월) 5 잎(5월) 6 전체 모양(5월).

장미과 가침박달속 | **가침박달**

나무껍질은 회갈색이고, 흰색 껍질눈이 있다. 잎몸은 거꿀달걀형으로 양면에 털이 없고, 잎가장자리에 톱니가 있거나 밋밋하다. 흰 꽃이 가지 끝에 3~8송이씩 총상꽃차례로 달린다. 다섯 개 방으로 나뉘는 열매는 모지고, 익으면 벌어지며, 씨는 날개가 있다.

갈잎떨기나무

- 🇰 중부 지방의 숲에 자생
- 🔀 어긋나기
- 🍃 홑잎, 거꿀달걀형, 5~9cm
- 🌸 5~6월
- 🔴 7~9월

194

1 꽃(8월) 2 열매(12월) 3 잎(6월) 4 잎가장자리(5월) 5 어린가지와 겨울눈(12월). 6 전체 모양(8월).

장미과 쉬땅나무속 | **쉬땅나무**

많은 줄기가 한 군데 모여난다. 깃꼴겹잎은 작은잎 13~23장으로 구성되며, 작은잎은 뒷면에 털이 있다. 작은잎의 잎끝은 뾰족하게 길어지며, 잎가장자리에 겹톱니가 있다. 흰 꽃이 가지 끝에 원추꽃차례로 달린다. 잎 모양이 비슷한 마가목, 당마가목은 홑톱니인 점으로 식별할 수 있다.

195

1 전체 모양(4월). 2 꽃(4월) : 흰 꽃이 산형꽃차례로 달린다. 3 꽃(4월) 4 열매(5월) : 별 모양이다.

장미과 조팝나무속 | **조팝나무**

타원형 잎몸은 양면에 털이 없고, 잎가장자리에 작은 치아형 톱니가 있다. 산형꽃차례가 가지에 연속적으로 달려서 전체적으로 긴 꼬리 모양이다. 꽃자루는 털이 없고, 수술이 꽃잎보다 짧다. 가는잎조팝나무는 잎몸이 긴타원형이며, 산조팝나무는 달걀형 잎몸이 깊게 갈라지고, 꽃은 산방꽃차례에 달린다.

갈잎떨기나무

🏵 전국에 자생 · 식재
🌿 어긋나기
🍃 홑잎, 타원형,
　　2.5~4cm
❀ 4~5월
🍂 8~9월

196

5 잎(7월)　6 어린가지와 겨울눈(12월) : 세로로 골이 있다.　7 **가는잎조팝나무의 잎**(11월) : 긴타원형이나 피침형이다.
8 **산조팝나무의 꽃**(5월).　9 **산조팝나무의 잎**(5월) : 가장자리에 둔한 톱니가 있다.

1 전체 모양(5월). 2 꽃(5월) : 수술이 꽃잎보다 짧다. 3 잎(5월) 4 열매(11월)

장미과 조팝나무속 | **공조팝나무**

피침형이나 긴타원형 잎몸은 양면에 털이 없고 뒷면은 흰색이며, 잎가장자리에 톱니가 있다. 흰 꽃이 산형꽃차례를 닮은 산방꽃차례를 이루며, 오래 된 가지에서 나온 새가지 끝에 달린다. 수술이 꽃잎보다 짧다.

갈잎떨기나무

- 🌳 전국에 식재
- 🍃 어긋나기
- 🌿 홑잎, 피침형, 2~5cm
- 🌸 4~5월
- 🍒 10월

198

1 전체 모양(6월). 2 꽃봉오리(5월) 3 꽃(6월) 4 열매(8월) 5 잎(6월)

갈잎떨기나무	장미과 조팝나무속 | **일본조팝나무**

갈잎떨기나무

- 전국에 식재
- 어긋나기
- 홑잎, 타원형, 2~7cm
- 6월
- 9~10월

타원형 잎몸이 두껍고 뒷면에 털이 있으며, 잎가장자리에 예리한 톱니가 있다. 분홍색이나 자주색 꽃이 가지 끝에 겹산방꽃차례로 달린다. 꽃자루에 털이 있고, 수술이 꽃잎보다 길다. 나무의 키는 보통 1.5m를 넘지 않는다.

1 전체 모양(5월). **2** 꽃(5월) : 수술이 꽃잎보다 길다. **3** 잎(6월) : 타원형 잎몸은 양면에 털이 없고, 잎가장자리에 톱니가 있다.

장미과 조팝나무속 | **참조팝나무**

어린가지는 갈색이고 세로줄이 있다. 분홍색 꽃이 가지 끝에 겹산방꽃차례로 달리며, 꽃자루에 털이 없다. 참조팝나무 외에 우리 나라에 자생하고 겹산 방꽃차례인 조팝나무속 나무로 덤불조팝나무, 갈기 조팝나무가 있으며, 꽃자루(혹은 열매자루)의 털의 유무, 수술의 길이로 식별할 수 있다.

갈잎떨기나무

- 🇰 백두대간의 숲에 자생, 전국에 식재
- 🌿 어긋나기
- 🍃 홑잎, 타원형, 3~8cm
- ❀ 5~7월
- 🍂 9월

200

4 덤불조팝나무의 열매(11월). 5 덤불조팝나무의 열매자루(11월) : 털이 많다. 6 덤불조팝나무의 잎(8월).
7 갈기조팝나무의 꽃(5월) : 수술이 꽃잎보다 짧다. 8 갈기조팝나무의 잎(5월) : 톱니가 잎몸 중앙 윗부분에만 있다.

1 꽃(8월) : 원추꽃차례에 달린다. 2 꽃(7월) : 수술이 꽃잎보다 훨씬 길다. 3 지난해 열매(4월).
4 어린가지와 겨울눈(1월) : 어린가지는 세로로 골이 있다. 5 잎(7월) 6 전체 모양(7월).

장미과 조팝나무속 | **꼬리조팝나무**

긴타원형 잎몸은 뒷면에 털이 있으며, 잎가장자리
에 작은 치아형 톱니가 있다. 가운데가 붉은 분홍색
꽃이 가지 끝에 원추꽃차례로 달리고, 꽃자루에 털
이 있으며, 수술이 꽃잎보다 훨씬 길다.

갈잎떨기나무

- 🏵 중부 지방의 숲에
  자생, 전국에 식재
- 🌿 어긋나기
- 🍃 홑잎, 긴타원형,
  4~8cm
- 🌸 6~8월
- 🍒 9~10월

1 전체 모양(11월). 2 열매(7월) 3 꽃(5월) 4 잎(11월) 5 나무껍질(7월) : 황갈색으로 벗겨진다.
6 황금양국수나무의 잎(6월) : 노란빛을 띤다.

갈잎떨기나무

- 전국에 식재
- 어긋나기
- 홑잎, 달걀형, 2~6cm
- 5~6월
- 9~10월

장미과 산국수나무속 | 양국수나무

달걀형 잎몸은 보통 세 개로 갈라지고, 잎몸의 아랫
부분에 주맥에서 갈라진 측맥 두 개가 뚜렷하며, 잎
가장자리에 치아형 겹톱니가 있다. 흰 꽃이 가지 끝
에서 산방꽃차례에 달린다. 열매는 4~5개 방으로
되어 있고, 털이 없다. 황금양국수나무는 잎몸이 노
란빛을 띤다.

1 꽃(5월) 2 꽃(5월) 3 열매(8월) 4 잎(8월)

장미과 국수나무속 | **국수나무**

나무껍질은 회색으로 벗겨진다. 달걀형 잎몸은 뒷면 맥 위에 털이 있으며, 잎가장자리에 치아형 겹톱니가 있다. 흰 꽃이 가지 끝에 원추꽃차례로 달린다. 나도국수나무는 꽃이 총상꽃차례에 달리며, 일본국수나무는 잎몸이 길이 6cm 이상으로 크고 세개로 뚜렷하게 갈라진다.

갈잎떨기나무

🌏 전국의 숲에 자생
🌿 어긋나기
🍃 홑잎, 달걀형,
　　3.5~6cm
🌸 5~7월
🍒 9~10월

5 어린가지와 겨울눈(12월). 6 나무껍질(3월) 7 전체 모양(5월). 8 나도국수나무의 꽃봉오리(5월) : 꽃받기에 털이 많고, 총상꽃차례에 달린다. 9 나도국수나무의 잎(9월). 10 일본국수나무의 잎과 꽃(6월).

1 전체 모양(9월). 2 꽃(4월) 3 어린 열매(6월). 4 열매(10월) 5 잎(5월)

장미과 병아리꽃나무속 | **병아리꽃나무**

어린가지는 털이 없다. 달걀형 잎몸은 표면에 주름이 많고, 잎가장자리에 겹톱니가 있다. 흰 꽃이 가지 끝에서 한 송이씩 달리며, 꽃잎은 네 장이다. 열매는 보통 네 개씩 달리며, 검은색으로 익는다. 우리 나라 장미과 나무 중에 유일하게 잎이 마주난다.

갈잎떨기나무

🅵 서해안에 자생,
　전국에 식재
🅺 마주나기
🅹 홑잎, 달걀형, 4~8cm
⚙ 4~5월
✂ 9월

206

1 꽃(4월) 2 열매(11월) 3 잎(6월) 4 어린가지와 겨울눈(11월). 5 전체 모양(4월). 6 죽단화(5월) : 겹꽃이 핀다.

갈잎떨기나무

- 전국에 식재
- 어긋나기
- 홑잎, 달걀형, 3~7cm
- 4~5월
- 9~10월

장미과 황매화속 | **황매화**

어린가지는 녹색이고, 세로로 골이 있다. 잎몸은 달걀형으로 잎끝이 길고 잎아래는 심장형이며, 잎가장자리에 겹톱니가 있다. 노란 꽃이 가지 끝에 한송이씩 달리며, 꽃잎은 다섯 장이다. 죽단화(겹황매화)는 겹꽃이 핀다.

1 꽃(6월) 2 꽃(8월) 3 잎(7월) 4 어린가지(7월) 5 전체 모양(6월).

장미과 양지꽃속 | **물싸리**

회갈색 나무껍질이 세로로 갈라지며, 어린가지는 털이 있다. 잎은 작은잎 5~7장으로 구성된 깃꼴겹 잎이거나 간혹 세겹잎이며, 뒷면에 털이 있고 잎가 장자리는 젖혀진다. 노란 꽃이 가지 끝이나 잎겨드 랑이에 1~3송이씩 달린다. 보통 키 1m 이하로 작 게 자란다.

갈잎떨기나무

- 🏴 북한에 자생,
  전국에 식재
- 🍃 어긋나기
- 🍂 세겹잎, 깃꼴겹잎,
  2~4cm
- 🌼 6~8월
- 🍂 7~9월

1 꽃(5월) 2 열매(6월) 3 잎(8월) 4 어린가지(8월) : 녹색이고 굽은 가시가 있다. 5 수리딸기의 꽃(4월) : 꽃이 보통 1송이씩 달린다. 6 수리딸기의 잎(6월) : 잎몸은 갈라지지 않는 경우가 많다.

갈잎떨기나무

- 전국의 숲에 자생
- 어긋나기
- 홑잎, 달걀형, 5~12cm
- 5~6월
- 7~8월

장미과 산딸기속 | 산딸기

달걀형 잎몸이 3~5개로 갈라지며, 잎맥과 잎자루에 가시가 있고, 잎가장자리에 겹톱니가 있다. 흰 꽃은 한 송이씩 달리거나 2~7송이가 모여 달린다. 둥근 복과는 붉은색으로 익는다. 전라남도, 제주도에 자생하는 수리딸기는 꽃차례와 잎몸 모양으로 식별할 수 있다.

1 꽃(5월) 2 열매(7월) 3 잎(5월) 4 잎 뒷면(8월) : 흰색이다.

장미과 산딸기속 | **멍석딸기**

줄기는 옆으로 자라 마치 덩굴나무처럼 보이며, 어린가지에 가시와 털이 있다. 잎은 보통 세겹잎이지만, 간혹 작은잎 다섯 장으로 구성된 깃꼴겹잎이 달린다. 분홍색 꽃은 꽃잎이 꽃받침잎보다 짧고, 여러 송이가 모여 달리며, 꽃자루에 가시와 털이 있다. 둥근 복과는 붉은색으로 익는다.

갈잎떨기나무

- 🌳 전국의 낮은 곳에 자생
- 🍃 어긋나기
- 🌿 세겹잎, 깃꼴겹잎, 6~12cm
- 🌸 5~6월
- 🍒 7~8월

1 어린 열매(7월) : 총상꽃차례에 달린다. 2 열매(7월) 3 잎(7월) 4 잎 뒷면(7월) : 흰색이다. 5 어린가지(7월)

갈잎떨기나무

- 전국의 숲에 자생
- 어긋나기
- 세겹잎, 깃꼴겹잎, 8~15cm
- 5~6월
- 7~8월

장미과 산딸기속 | **곰딸기**

줄기에 가시가 있고, 붉은색 털이 빽빽하다. 잎은 세겹잎이나 작은잎 다섯 장으로 구성된 깃꼴겹잎이며, 달걀형 작은잎은 잎끝이 뾰족하고 뒷면이 희다. 연분홍색 꽃은 꽃잎이 꽃받침잎보다 짧고, 총상꽃차례에 달린다. 둥근 복과는 붉은색으로 익는다.

1

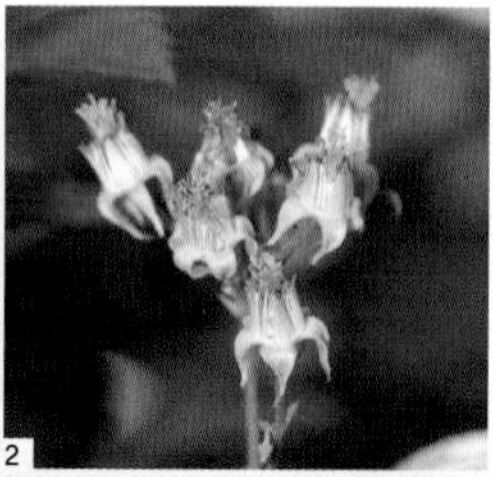

2

3

4

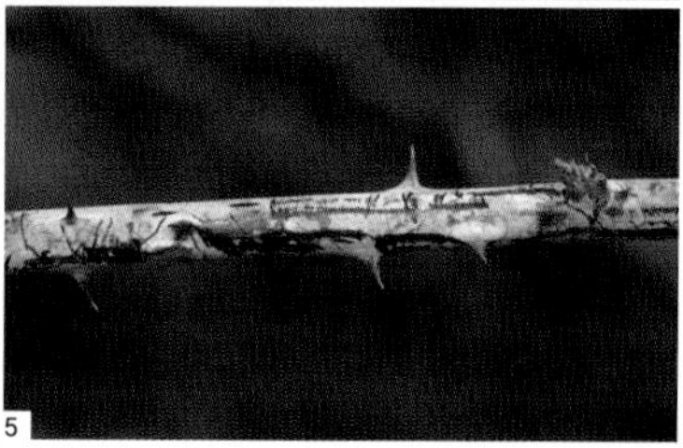

5

1 식재한 나무의 열매(6월) 2 시든 꽃(6월) : 꽃잎이 떨어진 모습. 꽃이 시들면 꽃받침잎이 젖혀진다. 3 잎(8월)
4 어린가지(8월) : 녹색이고 흰 가루로 덮이며, 가시가 있다. 5 나무껍질(3월) : 붉은색이고 흰 가루가 묻어 있다.

장미과 산딸기속 | 복분자딸기

깃꼴겹잎은 작은잎 5~7장으로 구성되며, 작은잎 잎 가장자리에 톱니가 있다. 분홍색 꽃은 꽃잎이 꽃받침잎보다 짧고, 여러 송이가 모여 달린다. 둥근 복과는 붉은색에서 검은색으로 익는다. 자생하는 나무의 열매는 식재한 것보다 알맹이 수가 적다.

갈잎떨기나무

- 충청도 이남에 자생 · 식재
- 어긋나기
- 깃꼴겹잎, 9~20cm
- 5~6월
- 7~8월

1 전체 모양(4월). 2 꽃(4월) 3 열매(7월) 4 잎(4월) 5 장딸기의 꽃과 잎(5월) : 세겹잎이나 깃꼴겹잎(작은잎 5장)이 달리며, 흰 꽃이 1송이씩 달린다.

갈잎떨기나무

- 전국의 숲에 자생
- 어긋나기
- 깃꼴겹잎, 7~15cm
- 4~5월
- 6~8월

장미과 산딸기속 | **줄딸기**

줄기는 자주색이고 흰 가루로 덮이며, 가시가 있다. 깃꼴겹잎은 작은잎 5~9장으로 구성되며, 작은잎 잎 가장자리에 겹톱니가 있다. 분홍색 꽃은 꽃잎이 꽃받침잎보다 길며, 가지 끝에 한 송이씩 달린다. 둥근 복과는 붉은색으로 익는다. 장딸기는 전라남도와 제주도에 자생하며, 잎몸의 표면에 주름이 있다.

1 전체 모양(5월).　2 꽃(5월)　3 꽃자루(5월) : 털이 있다.　4 열매(9월)

장미과 장미속 | **찔레꽃**

갈잎떨기나무

- 전국에 자생 · 식재
- 어긋나기
- 깃꼴겹잎, 9~18cm
- 5월
- 9~10월

어린가지는 녹색이고 가시가 있다. 깃꼴겹잎은 작은잎 5~9장으로 구성되며, 작은잎은 타원형이나 거꿀달걀형이고, 잎가장자리에 톱니가 있다. 턱잎은 밑 부분이 잎자루와 합쳐진다. 흰색이나 연한 분홍색 꽃이 원추꽃차례에 달린다. 둥근 열매는 붉은색으로 익는다.

5 잎(5월) 6 턱잎(5월) : 총잎자루 아랫부분에 달리며, 빗살같이 갈라진다. 7 어린가지(5월)
8 새순(3월) : 따서 먹기도 한다.

1 꽃(6월) 2 열매(9월) : 붉은색으로 익는다. 3 잎(6월) 4 어린가지와 턱잎(6월).

장미과 장미속 | **돌가시나무**

줄기가 옆으로 벋어 마치 덩굴나무 같으며, 어린가지는 녹색으로 가시가 있고 털이 없다. 겨울에 잎이 대부분 떨어지지만, 일부 남아 있기도 하다. 깃꼴겹잎은 작은잎 5~7장으로 구성되며, 달걀형 작은잎은 윤기가 난다. 흰 꽃이 한 송이씩 피거나 2~5송이가 모여 달린다.

갈잎떨기나무

- 🏔 남부 지방의 바닷가 주변에 자생
- 🍃 어긋나기
- 🌿 깃꼴겹잎, 5~8cm
- ❀ 5~6월
- 🍂 9~10월

216

1 꽃(6월) 2 꽃봉오리(6월) 3 열매(7월) 4 어린가지(11월) : 바늘 같은 가시와 털이 많다.
5 인가목(6월) : 어린가지에 털이 없고, 잎몸에 주름이 없다.

갈잎떨기나무

- 🌊 바닷가에 자생,
  전국에 식재
- 🍃 어긋나기
- 🍂 깃꼴겹잎, 9~18cm
- 🌸 5~7월
- 🍒 7~8월

장미과 장미속 | **해당화**

깃꼴겹잎은 작은잎 7~9장으로 구성되고, 작은잎은
두껍고 표면에 주름이 많으며, 잎가장자리에 톱니
가 있다. 지름 5cm가 넘는 붉은 꽃이 가지 끝에 한
송이씩 달리고, 꽃자루에 털이 있다. 둥글납작한 열
매는 붉은색으로 익는다. 인가목은 꽃의 지름이
5cm 이하이고, 잎몸에 주름이 없다.

1 꽃(6월) 2 지난해 열매(1월) : 둥글고 꽃받침잎은 보통 일찍 떨어진다. 3 잎(6월) 4 어린가지(1월)
5 노랑해당화의 꽃(5월) : 노란 꽃이 핀다. 6 노랑해당화의 잎(5월)

장미과 장미속 | **장미**

줄기에 가시가 있다. 깃꼴겹잎은 보통 타원형 작은
잎 다섯 장으로 구성되며, 잎가장자리에 톱니가 있
다. 다양한 원예 품종이 있으며, 꽃은 붉은색, 흰색,
노란색, 분홍색 등 여러 가지다. 노랑해당화는 작은
잎 5~9장이 깃꼴겹잎을 이루며, 작은잎 잎몸의 길
이는 2cm 이하다.

갈잎떨기나무

- 🗺 전국에 식재
- 🌿 어긋나기
- 🍃 깃꼴겹잎, 9~15cm
- ❀ 5~8월
- 🍎 9~10월

1 전체 모양(4월) : 가지는 처지고, 꽃이 잎보다 먼저 핀다. **2** 꽃(4월) **3** 열매(6월) : 둥근 열매가 노란색, 붉은색을 거쳐 검은색으로 익는다. **4** 잎(5월) : 측맥이 많고, 간격이 좁다.

갈잎큰키나무

- 🌏 전국에 식재
- 🌿 어긋나기
- 🍃 홑잎, 거꿀달걀형, 6~10cm
- 🌸 4월
- 🍒 7~9월

장미과 벚나무속 | **실벚나무**(수양벚나무, 처진벚나무)

나무껍질에 껍질눈이 가로로 배열되고, 가지가 처져서 전체 모양이 버드나무속 나무 같다. 잎자루와 암술대, 꽃자루에 털이 있으며, 꽃받기 밑이 단지처럼 불룩하다. 꽃은 보통 네 송이 이상 모여 달리며, 총꽃자루가 매우 짧다. 올벚나무는 가지가 처지지 않는다.

219

장미과 벗나무속 벗나무 종류 식별하기

소꽃자루

총꽃자루

꽃받기

잔털벗나무의 꽃자루와 꽃의 단면, 꽃 그림(꽃자루, 꽃받기에 털이 없으면 벗나무와 같다).

산벗나무의 꽃자루와 꽃의 단면, 꽃 그림(꽃자루, 꽃받기에 털이 있으면 분홍벗나무와 같다).

왕벗나무의 꽃자루와 꽃의 단면, 꽃 그림.

실벚나무의 꽃자루와 꽃의 단면, 꽃 그림(가지가 처지지 않으면 올벚나무와 같다).

검색표

1. 암술대에 털이 없고, 꽃은 보통 2~3송이씩 달린다(섬벚나무 제외).

  2. 총꽃자루가 길고, 소꽃자루는 총꽃자루의 한 곳에서 모여나지 않는다.

    3. 꽃자루, 꽃받기에 털이 있다. -- 잔털벚나무(223쪽, 전국에 자생)

    3. 꽃자루, 꽃받기에 털이 없다. -- 벚나무(222쪽, 전국에 자생)

  2. 총꽃자루가 매우 짧고, 소꽃자루는 총꽃자루의 한 곳에서 모여난다.

    4. 꽃자루, 꽃받기에 털이 있다. -- 분홍벚나무(223쪽, 주로 백두대간에 자생)

    4. 꽃자루, 꽃받기에 털이 없다.

      5. 꽃은 보통 2~3송이씩 달리고, 꽃이 비교적 크며(3.5~4cm), 꽃받침잎은 젖혀지지 않는다. -- 산벚나무(220쪽, 백두대간에 자생)

      5. 꽃은 보통 3~4송이씩 달리고, 꽃이 비교적 작으며(2.5~3cm), 꽃받침잎은 젖혀진다. -- 섬벚나무(223쪽, 울릉도에 자생)

1. 암술대에 털이 있고, 꽃은 보통 4송이 이상 달린다.

  6. 총꽃자루가 길고, 꽃받기는 전체적으로 불룩하다.

    -- 왕벚나무(224쪽, 제주도에 자생, 전국에 식재)

  6. 총꽃자루가 매우 짧고, 꽃받기 밑이 단지처럼 불룩하다.

    7. 가지가 처진다. -- 실벚나무(219쪽, 전국에 식재)

    7. 가지가 처지지 않는다. -- 올벚나무(219쪽, 전라도와 제주도에 자생)

1 꽃(4월) : 잎과 꽃이 같이 핀다. 2 꽃(4월) 3 열매(5월) : 노란색, 붉은색을 거쳐 검은색으로 익는다. 4 잎(5월)
5 잎자루(5월) : 꿀샘이 있고, 털이 없다. 6 나무껍질(4월) : 껍질눈이 가로로 배열된다.

장미과 벚나무속 | **벚나무**	갈잎큰키나무

잎가장자리에 뾰족한 홑톱니나 겹톱니가 있다. 잎
자루에 털이 없고, 꿀샘은 잎자루 윗부분에 있다.
꽃은 잎과 같이 피며, 보통 2~3송이씩 달린다. 우리
나라에서 볼 수 있는 벚나무는 10종이 넘으며, 꽃이
없을 때는 식별이 무척 어렵다.

- 전국에 자생 · 식재
- 어긋나기
- 홑잎, 거꿀달걀형,
  6~12cm
- 4~5월
- 6~8월

222

7 **잔털벚나무의 꽃(4월)** : 꽃자루, 꽃받기에 털이 있다.   8 **잔털벚나무의 잎자루(4월)** : 꿀샘과 털이 있다.
9 **분홍벚나무의 열매(6월)** : 꽃자루에 털이 있으며, 총꽃자루가 짧고, 소꽃자루는 총꽃자루의 한 곳에서 모여난다.
10 **섬벚나무의 꽃(4월)** : 울릉도에 자생하며, 꽃자루와 꽃받기에 털이 없고, 꽃받침잎이 젖혀진다.

1 전체 모양(4월). 2 꽃(4월) 3 열매(6월) : 노란색, 붉은색을 거쳐 검은색으로 익는다. 4 잎자루(5월) 5 잎(5월)

장미과 벚나무속 | **왕벚나무**

잎가장자리에 뾰족한 톱니가 있다. 잎자루에 털이 있고, 꿀샘은 잎아래에 있다. 꽃이 잎보다 먼저 피며, 보통 4~5송이씩 달린다. 암술대와 꽃자루, 꽃받기에 털이 있으며, 총꽃자루는 길다. 겹벚꽃나무는 겹꽃이 잎과 같이 핀다.

갈잎큰키나무

- 🔲 제주도의 숲에 자생, 전국에 식재
- 🔲 어긋나기
- 🔲 홑잎, 거꿀달걀형, 6~12cm
- 🔲 4월
- 🔲 6~7월

잎눈   꽃눈

6 어린가지와 겨울눈(2월). 7 나무껍질(5월) : 껍질눈이 가로로 배열된다. 8 **겹벚꽃나무**(4월) : 겹꽃이 핀다.

1 꽃(5월) : 총꽃꽃자루의 아래쪽에 잎이 있다. 2 꽃봉오리(4월): 꽃받침잎이 남지 않는다. 3 열매(8월): 꽃받침잎이 남지 않는다. 4 잎(6월)
5 잎자루와 턱잎(4월). 6 새순(4월) : 숲의 다른 나무들보다 일찍 잎이 나기 시작한다.

장미과 벚나무속 | **귀룽나무**

어린가지를 꺾으면 한약 달이는 냄새가 난다. 꽃은 처지는 총상꽃차례에 보통 20개 이하로 달리며, 총 꽃자루 아래쪽에 잎이 있다. 개벚지나무의 총상꽃 차례는 곧추서고 잎이 없다. 제주도에 자라는 섬개 벚나무는 곧추서고 잎이 없는 총상꽃차례에 꽃이 20개 이상 달리며, 열매에 꽃받침잎이 남아 있다.

갈잎큰키나무

- 🌍 전국의 숲에 자생 (주로 백두대간)
- 🍃 어긋나기
- 🌿 홑잎, 거꿀달걀형, 6~12cm
- 🌸 4~5월
- 🍒 8~9월

7 어린가지와 겨울눈(12월) 8 전체 모양(5월). 9 개벚지나무의 나무껍질(9월).
10 개벚지나무의 잎 뒷면(6월) : 자세히 보면 귀룽나무와는 달리 잎몸 뒷면에 점이 많다. 11 섬개벚나무의 꽃(6월).

1 꽃(6월) 2 꽃(6월) : 꽃자루에 포가 많다. 3 잎(6월) : 치아형 겹톱니가 있다. 4 전체 모양(6월).

장미과 벚나무속 | **산개벚지나무**

회갈색 나무껍질에 껍질눈이 가로로 배열된다. 잎 몸은 타원형이나 달걀형이고 잎끝이 길며, 잎가 자리에 치아형 겹톱니가 있다. 꽃이 잎보다 늦게 피 고, 4~6송이가 총상꽃차례나 산방꽃차례에 달리며, 꽃자루에 포가 많다.

갈잎작은키나무

- 전국의 숲에 자생 (주로 백두대간)
- 어긋나기
- 홑잎, 달걀형, 4~8cm
- 4~6월
- 7~8월

1 꽃(4월) 2 잎(5월) 3 꽃(4월) : 흔히 겹꽃이 피는 품종을 식재한다. 4 전체 모양(4월).

<table>
<tr><td colspan="2">갈잎떨기나무</td></tr>
</table>

갈잎떨기나무

- 북한에 자생,
  전국에 식재
- 어긋나기
- 홑잎, 거꿀달걀형,
  3~6cm
- 4~5월
- 8월

장미과 벚나무속 | **풀또기**

가지는 적갈색이다. 잎몸은 거꿀달걀형이고 잎몸과 잎자루에 털이 있으며, 잎가장자리에 치아형 겹톱니가 있다. 분홍색 꽃이 잎보다 먼저 피며, 1~2송이씩 달린다. 타원형 열매는 표면에 털이 있고, 붉은색으로 익는다.

229

1 꽃(3월) 2 꽃(3월) 3 열매(6월) : 털이 많고 황록색으로 익는다. 4 잎(7월) 5 나무껍질(4월) : 껍질눈이 많다.
6 꽃봉오리(3월) : 겨울눈은 꽃눈과 잎눈이 따로 달린다.

장미과 벚나무속 | 매실나무

갈잎작은키나무

어린가지는 녹색이고, 달걀형 잎몸은 잎끝이 길다. 흰 꽃이 잎보다 먼저 피며, 1~2송이씩 달린다. 꽃자루가 매우 짧고, 꽃받침잎은 젖혀지지 않는다. 꽃잎의 색깔과 수에 따라 만첩흰매실, 홍매실, 만첩홍매실 등의 품종이 있다. 살구나무는 매실나무보다 약 10일 늦게 꽃이 피며, 시들면 꽃받침잎이 젖혀진다.

- 전국에 식재
- 어긋나기
- 홑잎, 달걀형, 4~8cm
- 3~4월
- 7월

7 전체 모양(3월). 8 홍매실(3월) : 붉은색 홑꽃이 핀다. 9 만첩홍매실(3월) : 붉은색 겹꽃이 핀다.
10 만첩흰매실(3월) : 흰색 겹꽃이 핀다. 11 꽃받침잎(4월) : 젖혀지지 않는다. 12 살구나무의 꽃받침잎(4월).

1 전체 모양(4월). 2 꽃(4월). 3 열매(6월) : 털이 많고 노란색으로 익는다. 4 잎(6월) : 잎자루가 보통 붉은색이고, 잎가장자리에 홑톱니가 있다. 5 나무껍질(4월) : 코르크층이 거의 발달하지 않는다.

장미과 벚나무속 | **살구나무**

잎몸은 달걀형이고 잎끝이 뾰족하다. 연분홍색 꽃이 잎보다 먼저 피며, 1~2송이씩 달린다. 꽃자루가 매우 짧고, 꽃받침잎은 꽃이 시들면 젖혀진다. 백두대간의 숲에 자생하는 개살구나무는 잎가장자리에 겹톱니가 있으며, 열매가 떫다.

갈잎큰키나무

- 🔲 전국에 식재
- 🔲 어긋나기
- 🔲 홑잎, 달걀형, 5~8cm
- 🔲 4월
- 🔲 7월

232

6 꽃(4월) : 꽃자루가 보통 0.4cm 이하로 짧다. 7 개살구나무의 꽃(5월) : 꽃자루가 보통 1cm 이상으로 길다.
8 개살구나무의 나무껍질(4월) : 푹신한 코르크층이 발달한다. 9 개살구나무의 어린 열매(6월).

1 꽃(4월) 2 열매(8월) : 털이 많고, 붉은색으로 익는다. 3 잎(5월) 4 나무껍질(4월) 5 전체 모양(4월).
6 만첩백도(4월) : 흰색 겹꽃이 핀다.

장미과 벚나무속 | **복사나무**

어린가지는 녹색이다. 잎몸은 피침형이고 잎끝이 뾰족하며, 잎가장자리에 톱니가 있다. 분홍색 꽃이 잎보다 먼저 피고, 1~2송이씩 달리며, 지름이 2.5cm 이상으로 벚나무속 나무 중에서 꽃이 큰 편이다. 만첩백도는 흰 겹꽃이 핀다.

갈잎작은키나무

- 🇰🇷 전국에 식재
- 🍃 어긋나기
- 🌿 홑잎, 피침형,
  8~13cm
- 🌸 4~5월
- 🍑 7~9월

1 꽃(4월) 2 열매(6월) 3 잎(6월) 4 나무껍질(6월) 5 전체 모양(4월).

갈잎작은키나무

- 🅵 전국에 식재
- 🅽 어긋나기
- 🅸 홑잎, 거꿀피침형, 5~10cm
- 🅲 4월
- 🅼 7월

장미과 벚나무속 | 자두나무

암갈색 나무껍질은 세로로 깊게 골이 진다. 잎몸은 거꿀피침형이고 잎끝이 뾰족하며, 잎가장자리에 둔한 톱니가 있다. 흰 꽃이 잎보다 먼저 피며, 보통 세 송이씩 산형꽃차례에 달린다. 둥근 열매는 표면이 매끈하며, 자주색으로 익는다.

1 꽃(4월) 2 꽃(4월) : 꽃자루가 매우 짧고, 꽃받기가 길게 발달한다. 3 열매(6월)

장미과 벚나무속 | **앵도나무**(앵두나무)

갈잎떨기나무

어린가지는 털이 많다. 잎몸은 달걀형이나 타원형
이고 잎끝이 뾰족하며, 뒷면에 흰 털이 빽빽하다.
흰 꽃이 잎보다 먼저 피거나 같이 피고, 1~2송이씩
달린다. 작고 둥근 열매는 표면이 매끈하며, 붉은색
으로 익는다.

- 전국에 식재
- 어긋나기
- 홑잎, 타원형, 4~7cm
- 4월
- 6월

4 잎(6월) 5 잎 뒷면(6월). 6 나무껍질(4월) : 가로로 벗겨지며, 껍질눈이 많다. 7 어린가지(4월) : 털이 많다.
8 전체 모양(8월).

1 꽃(5월) 2 잎(5월) 3 전체 모양(5월). 4 **산옥매의 열매(7월)** : 작고 둥글며, 표면이 매끈하고, 붉은색으로 익는다.

장미과 벗나무속 | **옥매**

많은 줄기가 한 군데 모여난다. 어린가지는 붉은색으로 털이 없다. 잎몸은 긴타원형이고, 잎가장자리에 잔 톱니가 있다. 흰색 겹꽃이 잎과 함께 피고, 꽃자루에 털이 있다. 홍매는 붉은 꽃이 피고, 산옥매는 흰색 홑꽃이 피는 것이 다르다.

갈잎떨기나무

- 🌿 전국에 식재
- 🍃 어긋나기
- 🍂 홑잎, 긴타원형, 3~9cm
- 🌸 5월
- 🍒 7~8월

1 꽃(1월). 2 잎(1월). 3 잎 뒷면(11월). 4 어린가지와 겨울눈(1월) : 갈색 털이 빽빽하다. 5 전체 모양(11월).

<table>
<tr><th colspan="2">늘푸른작은키나무</th></tr>
</table>

	늘푸른작은키나무
🌏	남부 지방에 식재
🍃	어긋나기
🍂	홑잎, 긴타원형, 15~25cm
❄	10~1월
🌸	이듬해 5~6월

장미과 비파나무속 | **비파나무**

나무껍질은 회갈색이고, 어린가지는 갈색 털이 빽빽하다. 잎몸은 긴타원형이고 뒷면에 갈색 털이 빽빽하며, 잎가장자리에 치아형 톱니가 있다. 흰 꽃이 가지 끝에 원추꽃차례로 달린다. 둥근 열매는 지름이 3~4cm고, 노란색으로 익는다.

1 꽃(5월) 2 열매(8월) 3 잎(5월) : 잎몸이 깃꼴형으로 깊게 갈라진다. 4 나무껍질(5월)
5 어린가지와 겨울눈(12월) : 가시가 길이 2cm 이하로 짧다. 6 전체 모양(12월).

장미과 산사나무속 | 산사나무

회색 나무껍질이 세로로 갈라진다. 잎몸은 달걀형
이고, 깃꼴형으로 깊게 갈라진다. 흰 꽃이 잎이 난
다음에 피고, 산방꽃차례에 달린다. 둥근 열매는 꽃
받침잎이 남아 있고, 표면에 흰 반점이 있으며, 붉
은색으로 익는다. 미국산사는 가시가 길고, 잎몸이
깊게 갈라지지 않는다.

갈잎큰키나무

- 전국에 자생 · 식재
- 어긋나기
- 홑잎, 달걀형,
  5~10cm
- 4~5월
- 9~10월

7 **미국산사의 어린가지**(8월) : 가시가 길이 2cm 이상으로 길다. 8 **미국산사의 잎**(8월) : 잎몸이 갈라지지 않거나 얕게 갈라진다. 9 떨어진 **미국산사의 열매**(10월).

1 꽃(6월) 2 열매(11월) 3 잎(6월) 4 잎(10월) : 가지 끝에서는 모여난다. 5 전체 모양(12월).

장미과 다정큼나무속 | **다정큼나무**

나무껍질은 회색이다. 어린가지는 처음에는 털이 빽빽하지만 곧 떨어진다. 잎몸은 긴타원형이나 거꿀피침형이고 잎끝이 둔하며, 잎가장자리에 둔한 톱니가 있다. 흰 꽃이 가지 끝에 원추꽃차례로 달리고, 둥근 열매는 검은색으로 익는다.

늘푸른떨기나무

- 🗺 남부 지방에 자생 · 식재
- 🍃 모여나기(가지 끝),
  어긋나기
- 🍂 홑잎, 긴타원형,
  4~10cm
- ❀ 4~6월
- 🍒 7~8월

1 꽃(5월) 2 열매(11월) 3 잎(11월) 4 나무껍질(4월) 5 전체 모양(10월).

| 갈잎큰키나무 | 장미과 명자나무속 \| **모과나무** |

갈잎큰키나무

🏠 전국에 식재
🍃 어긋나기
🍂 홑잎, 타원형,
   5~10cm
📷 4~5월
🌰 9~10월

장미과 명자나무속 \| **모과나무**

나무껍질은 비늘조각처럼 벗겨져 갈색과 녹색 얼룩 무늬가 있다. 잎몸은 타원형이고 잎끝이 둔하며, 잎 가장자리에 뾰족한 톱니가 있다. 분홍색 꽃은 잎과 같이 피며, 가지 끝에 한 송이씩 달린다. 타원형 열 매는 노란색으로 익으며, 향기가 좋다.

1 꽃(4월) 2 열매(6월) 3 잎(6월) 4 어린가지(4월) 5 전체 모양(4월). 6 꽃(4월) : 보통 붉은 꽃이 피지만 흰 꽃이 피는 것도 있으며, 원예 품종이 많다.

장미과 명자나무속 | 명자나무(산당화)

나무껍질은 회갈색이고, 어린가지에 가시가 있다. 잎몸은 거꿀달걀형이나 타원형이고, 잎가장자리에 잔 톱니가 있다. 잎겨드랑이에 둥근 턱잎이 있지만, 떨어지고 없는 경우도 있다. 붉은 꽃이 잎과 같이 피고, 타원형 열매는 황록색으로 익는다.

갈잎떨기나무

- ❏ 전국에 식재
- ❏ 어긋나기
- ❏ 홑잎, 거꿀달걀형, 4~7cm
- ❏ 4~5월
- ❏ 9~10월

1 열매(11월) : 둥글고 붉은색으로 익으며, 많은 수가 오랫동안 달린다. 2 꽃(5월) 3 잎(5월) 4 가지(11월)

늘푸른떨기나무

- 🏔 남부 지방에 식재
- 🍃 어긋나기
- 🍂 홑잎, 긴타원형, 4~6cm
- ❀ 5~6월
- 🍒 9~10월

장미과 피라칸다속 | 피라칸다

가지에 가시가 있고, 어린가지는 황색 털이 있다. 잎몸은 두껍고 긴타원형이며, 뒷면에 털이 빽빽하고, 잎가장자리는 밋밋하거나 얕고 둔한 톱니가 있다. 흰 꽃이 잎겨드랑이에서 산방꽃차례로 달린다. 보통 남부 지방에 심고 최근 중부 지방에도 식재하지만, 간혹 얼어 죽기도 한다.

1 꽃(4월) 2 열매(10월) 3 나무껍질(6월) 4 잎(4월) 5 짧은가지(6월) : 짧은가지가 발달하고, 끝에는 잎이 모여난다.
6 전체 모양(4월).

장미과 사과나무속 | **야광나무**

나무껍질이 조각으로 벗겨진다. 잎몸은 타원형이고, 잎가장자리에 불규칙한 톱니가 있다. 흰 꽃이 산형꽃차례에 달린다. 둥근 열매는 지름이 6~12mm고, 붉은색이나 노란색으로 익는다.

갈잎큰키나무

- 🔲 백두대간의 숲에 자생
- 🔲 모여나기(짧은가지),
  어긋나기(긴가지)
- 🔲 홑잎, 타원형, 3~7cm
- 🔲 4~6월
- 🔲 9~10월

1 꽃(6월) 2 열매(11월) 3 잎(5월) 4 나무껍질(5월) : 세로로 갈라지고 조각으로 벗겨진다.
5 어린가지(12월) : 간혹 가시가 있다. 6 전체 모양(6월).

갈잎작은키나무

- 🗺 전국에 자생 · 식재
- 🍃 모여나기(짧은가지),
  어긋나기(긴가지)
- 🍂 홑잎, 타원형, 3~6cm
- ❄ 5~6월
- 🍎 9~10월

장미과 사과나무속 | **아그배나무**

타원형 잎몸은 2~5개로 갈라지는 것과 갈라지지 않는 것이 함께 있으며, 잎가장자리에 톱니가 있다. 흰 꽃이 산형꽃차례에 달린다. 둥근 열매는 지름이 4~6mm고, 붉은색이나 노란색으로 익는다. 야광나무는 잎몸이 갈라지지 않고, 열매가 더 크다.

1 꽃(4월) 2 잎(8월) 3 잎(9월) : 짧은가지 끝에서는 모여난다. 4 열매(9월) 5 열매 단면(9월) : 먹는 부분이 꽃받기가 자란 헛열매다. 6 전체 모양(9월).

꽃받기가 자란 곳

씨방이 자란 곳

장미과 사과나무속 | **사과나무**

타원형 잎몸은 잎끝이 뾰족하며, 어린잎은 뒷면에 털이 빽빽하다. 연분홍색 꽃이 산형꽃차례에 달리고, 꽃자루에 털이 있다. 둥근 열매는 붉은색으로 익는다. 능금나무는 꽃받침잎의 밑 부분이 혹처럼 부푼다. 꽃사과는 조경수로 흔히 식재하고, 열매가 작다.

갈잎작은키나무

- 🌍 전국에 식재
- 🍃 모여나기(짧은가지), 어긋나기(긴가지)
- 🍂 홑잎, 타원형, 6~12cm
- ❀ 4~5월
- 🍎 8~9월

7 꽃사과의 꽃(5월) 8 꽃사과의 열매(9월) : 사과에 비해 작고 단단하며, 보통 꽃받침잎이 끝까지 남는다.

1 꽃(4월) 2 잎(5월) 3 열매(9월) 4 열매 단면(9월) : 먹는 부분이 꽃받기가 자란 헛열매다.

꽃받기가 자란 곳

씨방이 자란 곳

장미과 배나무속 | **배나무**

나무껍질은 갈라지고, 어린가지는 붉은색이다. 달
걀형 잎몸은 잎가장자리에 예리한 잔 톱니가 있으
며, 잎자루가 길다. 흰 꽃이 잎과 같이 핀다. 열매는
꽃받침잎이 떨어지며, 지름이 보통 5cm가 넘고 누
런색으로 익는다. 돌배나무는 숲에 자생하며, 열매
의 지름이 약 3cm다.

갈잎작은키나무

- 🌏 전국에 식재
- 🍂 모여나기(짧은가지),
   어긋나기(긴가지)
- 🍃 홑잎, 달걀형,
   7~12cm
- 🌸 4~5월
- 🍎 9월

5 어린가지와 겨울눈(2월). 6 나무껍질(2월) 7 전체 모양(2월) : 가지치기를 많이 해서 마치 떨기나무 같다.
다양한 개량 품종이 재배된다.

1 어린 열매(8월). 2 꽃(4월) 3 잎(6월) 4 짧은가지와 겨울눈(11월) : 짧은가지가 길게 발달한다. 5 나무껍질(10월)
6 전체 모양(8월).

장미과 배나무속 | **산돌배**

나무껍질이 세로로 잘게 갈라지며, 어린가지는 붉은색이고 털이 없다. 잎몸은 달걀형이고 털이 없으며, 잎가장자리에 털 같은 바늘형 톱니가 있다. 흰꽃이 4~7송이씩 모여 달린다. 열매는 꽃받침잎이 오랫동안 남아 있고, 누런색으로 익는다. 돌배나무는 열매에 꽃받침잎이 남지 않는다.

갈잎큰키나무

- 🌏 백두대간의 숲에 자생
- 🍃 모여나기(짧은가지),
  어긋나기(긴가지)
- 🍂 홑잎, 달걀형,
  5~10cm
- 🌸 4~5월
- 🍎 8~10월

252

1 열매(11월) : 꽃받침잎이 없으며, 지름이 1~1.5cm고, 흰 껍질눈이 많다. 2 꽃(4월) 3 잎(7월) 4 나무껍질(11월)

갈잎작은키나무

- 🇰 전국의 숲에 자생
- 🔹 모여나기(짧은가지), 어긋나기(긴가지)
- 🍃 홑잎, 달걀형, 2~5cm
- ✿ 4~5월
- 🍂 10월

장미과 배나무속 | **콩배나무**

나무껍질이 조각으로 갈라지며, 어린가지는 붉은색이다. 잎몸은 달걀형이고, 잎가장자리에 둔한 톱니가 있다. 흰 꽃이 4~10송이씩 모여 달리며, 둥근 열매는 누런색으로 익는다. 배나무의 대목으로 이용하기도 한다.

1 꽃(6월) 2 열매(10월) 3 잎(6월) 4 어린가지와 겨울눈(10월). 5 떡윤노리나무의 꽃(5월).
6 떡윤노리나무의 잎(6월).

장미과 윤노리나무속 | **윤노리나무**

회갈색 나무껍질이 매끈하고, 어린가지에 흰 털이 있다. 잎몸은 거꿀달걀형이고, 잎자루에 흰 털이 있다. 흰 꽃이 산방꽃차례에 달리며, 꽃자루에 흰 털이 많다. 타원형이나 원형 열매는 붉은색으로 익는다. 떡윤노리나무는 잎이 두껍다.

갈잎떨기나무

- 🌳 전국의 숲에 자생
- 🍃 어긋나기
- 🌿 홑잎, 거꿀달걀형, 3~8cm
- 🌸 5~6월
- 🍂 8~9월

1 열매(9월) 2 꽃(5월) 3 잎(8월) 4 짧은가지와 겨울눈(12월) : 짧은가지가 길게 발달한다. 5 나무껍질(10월)
6 전체 모양(5월).

| 갈잎큰키나무 | 장미과 마가목속 \| **팥배나무** |

🌲 전국의 숲에 자생
🍃 모여나기(짧은가지),
  어긋나기(긴가지)
🍂 홑잎, 달걀형,
  5~10cm
🌸 5월
🍒 9~10월

회갈색 나무껍질이 매끈하고, 마름모꼴이나 번개
모양 껍질눈이 있다. 짧은가지에서는 잎이 세 장씩
모여난다. 잎몸은 달걀형이고 측맥이 뚜렷하며, 잎
가장자리에 치아형 겹톱니가 발달한다. 흰 꽃이 산
방꽃차례에 달린다. 타원형이나 원형 열매는 표면
에 점이 있으며, 붉은색으로 익는다.

1 꽃(5월) : 흰 꽃이 겹산방꽃차례에 달린다. 2 열매(10월) : 둥근 열매가 붉은색으로 익는다. 3 잎(8월)
4 잎가장자리(5월) : 홑톱니가 있다. 5 나무껍질(12월) : 매끈하다. 6 겨울눈(1월) : 털로 덮인다.

장미과 마가목속 | **당마가목**

갈잎작은키나무

- 🔺 백두대간의 숲에 자생, 전국에 식재
- 🍃 모여나기(짧은가지), 어긋나기(긴가지)
- 🌿 깃꼴겹잎, 15~25cm
- 🌸 5~6월
- 🍒 9~10월

어린가지는 짧은가지가 발달하고, 겨울눈은 털로 덮인다. 잎은 깃꼴겹잎으로 작은잎 13~15장으로 구성되며, 잎가장자리에 홑톱니가 있다. 마가목은 남부 지방에 자생하며, 작은잎의 수보다 겨울눈의 털 유무로 식별하는 것이 확실하다. 쉬땅나무는 잎 모양이 비슷하지만 겹톱니인 점이 다르다.

7 마가목의 겨울눈(11월) : 털이 없고, 점성이 있다. **8 마가목의 잎**(10월) : 작은잎이 9~13장이다. **9 마가목의 꽃**(6월).

1 꽃(5월) 2 열매(10월) 3 잎(11월) 4 전체 모양(9월).

장미과 개야광나무속 | **홍자단**

갈잎떨기나무

나무껍질이 붉은색이고, 어린가지에 털이 있다. 잎
몸은 타원형이나 원형이고 뒷면에 털이 있으며, 잎
가장자리는 밋밋하다. 분홍색 꽃이 2~3송이씩 달리
고, 꽃받침잎에 털이 있다. 타원형 열매가 붉은색으
로 익는다.

- 🇰 전국에 식재
- 🍃 어긋나기
- 🍂 홑잎, 타원형, 1cm
- 📷 5~6월
- 🍂 8~10월

1 꽃(4월) 2 전체 모양(4월). 3 열매(6월) 4 잎(5월) 5 어린가지와 겨울눈(2월). 6 나무껍질(4월)

갈잎떨기나무

- 🔲 전국에 식재
- 🔲 어긋나기
- 🔲 홑잎, 원형, 6~12cm
- 🔲 4월
- 🔲 8~9월

콩과 박태기나무속 | **박태기나무**

잎몸은 원형이고, 잎아래는 심장형이다. 잎몸의 아랫부분에 주맥에서 갈라진 측맥 네 개가 뚜렷하고, 잎가장자리는 밋밋하다. 분홍색 꽃이 잎보다 먼저 피며, 산형꽃차례에 달린다. 꼬투리열매의 길이는 6~10cm다.

1 꽃(6월) 2 열매(2월) 3 열매와 씨(9월) : 꼬투리열매가 납작하다.

콩과 자귀나무속 | **자귀나무**

잎은 두번짝수깃꼴겹잎이며, 길이 6~15mm의 작은 잎은 좌우가 비대칭이고, 잎가장자리가 밋밋하다. 꽃은 털이 많은 솔 모양이며, 수술의 윗부분은 붉은색이고 아랫부분은 흰색이다. 왕자귀나무는 작은잎의 길이가 보통 15mm 이상이며, 수술은 전체가 흰색이다.

갈잎작은키나무

- 경기도 이남에 자생, 전국에 식재
- 어긋나기
- 두번짝수깃꼴겹잎, 20~40cm
- 6~7월
- 9~10월

4 잎(6월) 5 나무껍질(1월) : 매끈하고 껍질눈이 가로로 배열된다. 6 전체 모양(9월).

1 열매(8월) 2 열매(10월) : 길이가 20cm 이상으로 크고, 비틀려서 꼬인 모양이다.
3 꽃봉오리(6월) : 총상꽃차례에 달린다.

콩과 주엽나무속 | **주엽나무**

갈잎큰키나무

- 전국의 숲에 자생
- 어긋나기
- 한번~두번짝수깃꼴겹
  잎, 12~22cm
- 6월
- 10월

나무껍질이 매끈하며, 2~3번 갈라지고 단면이 납작한 가시가 있다. 잎은 보통 한번짝수깃꼴겹잎이지만, 일부의 작은잎이 다시 갈라져 두번짝수깃꼴겹잎을 이루기도 한다. 작은잎은 타원형이고, 잎가장자리는 밋밋하다. 조각자나무(중국주엽나무)는 가시의 단면과 열매의 모양으로 식별할 수 있다.

4 잎(6월) : 두번짝수깃꼴겹잎. **5** 잎(6월) : 한번짝수깃꼴겹잎. **6** 나무껍질(6월). **7** 조각자나무의 나무껍질(2월).
8 조각자나무의 가시(2월) : 단면이 둥글다. **9** 조각자나무의 지난해 열매(3월) : 꼬투리열매가 비틀려서 꼬이지 않는다.

1 잎(6월) 2 어린가지(6월) : 아래쪽으로 꼬부라진 가시가 있다. 3 나무껍질(11월) 4 전체 모양(2월).

콩과 실거리나무속 | **실거리나무**

회갈색 나무껍질에 날카로운 가시가 있으며, 어린 가지는 녹색이고 아래쪽으로 꼬부라진 가시가 있다. 잎은 두번짝수깃꼴겹잎으로 작은잎은 타원형이고, 잎가장자리가 밋밋하다. 노란 꽃이 가지 끝에 총상꽃차례로 달린다. 꼬투리열매는 딱딱하고 잘 벌어지지 않는다.

갈잎덩굴나무

- 🗺 남부 지방에 자생
- 🍃 어긋나기
- 🌿 두번짝수깃꼴겹잎, 30~50cm
- 🌸 6월
- 🍂 9월

264

1 꽃(4월) 2 꽃(4월) 3 잎(8월) 4 새순(4월) 5 어린가지와 겨울눈(5월).

갈잎떨기나무

- 강원도 북부의 숲에 자생
- 어긋나기
- 깃꼴겹잎, 6~10cm
- 4~5월
- 7월

콩과 개느삼속 | **개느삼**

나무껍질은 암갈색이고, 어린가지에 털이 많다. 깃꼴겹잎은 작은잎 13~27장으로 구성된다. 작은잎의 잎몸은 타원형이고 뒷면과 잎자루에 털이 많으며, 잎가장자리가 밋밋하다. 노란 꽃 5~6송이가 총상꽃차례에 달린다. 꼬투리열매는 표면에 짧은 날개가 발달한다.

1 꽃(8월)　2 꽃(8월)　3 열매(9월) : 꼬투리열매로 콩깍지가 두껍고 수분이 많다.　4 잎(6월)

콩과 고삼속 | **회화나무**

어린가지는 녹색이다. 깃꼴겹잎은 작은잎 7~17장
으로 구성되며, 작은잎의 잎몸은 달걀형이고, 잎가
장자리가 밋밋하다. 황백색 꽃이 가지 끝에 원추꽃
차례로 달린다. 꼬투리열매는 씨가 들어 있는 부분
사이가 좁아지며, 익은 뒤에는 주름이 생긴다.

갈잎큰키나무

- 전국에 식재
- 어긋나기
- 깃꼴겹잎, 10~20cm
- 7~8월
- 10월

5 어린가지(8월) : 녹색이다.　6 나무껍질(11월) : 세로로 갈라진다.　7 전체 모양(8월).
8 천연기념물 318호 경북 경주시 안강읍 육통리의 회화나무(4월).

1 꽃(6월) 2 꽃(6월) 3 열매(10월) 4 잎(6월) 5 어린가지와 겨울눈(10월) : 겨울눈 끝이 뾰족하다.

콩과 싸리속 | **조록싸리**

잎은 세겹잎으로 작은잎의 잎몸은 마름모꼴에 가까운 타원형이고, 뒷면에 털이 있으며 잎끝이 뾰족하다. 자주색 꽃이 총상꽃차례나 원추꽃차례에 달린다. 꼬투리열매는 끝이 뾰족하고, 씨가 하나씩 들어있다. 싸리와 참싸리는 작은잎의 잎끝이 오목하거나 둥글다.

갈잎떨기나무

- 🌍 전국에 자생 · 식재
- 🌿 어긋나기
- 🍃 세겹잎, 4~7cm
- ☀ 6~8월
- 🍂 9~10월

1 꽃(8월) 2 꽃(9월) 3 열매(9월) : 꼬투리열매로 끝이 뾰족하고 씨가 1개씩 들어 있다. 4 잎(8월) : 작은잎의 잎끝이 오목하거나 둥글다. 5 전체 모양(9월) : 오래 된 줄기는 처진다.

갈잎떨기나무

- 🌍 전국에 자생 · 식재
- 🍃 어긋나기
- 🍂 세겹잎, 3~6cm
- 🌼 7~9월
- 🍎 10월

콩과 싸리속 | **참싸리**

겨울눈은 끝이 둥글다. 잎은 세겹잎으로 작은잎의 잎몸이 타원형이고 뒷면에 털이 있으며, 잎끝이 오목하거나 둥글다. 자주색 꽃이 총상꽃차례에 달리지만, 총꽃자루가 매우 짧아 모여나는 것처럼 보인다. 싸리는 총꽃자루가 4~8cm로 길다.

1 꽃(7월) 2 열매(9월) 3 어린가지와 겨울눈(11월) : 겨울눈은 끝이 둥글다. 4 나무껍질(11월) : 껍질눈이 많다.

콩과 싸리속 | **싸리**

겨울눈은 끝이 둥글다. 잎은 세겹잎으로 작은잎의 잎몸은 타원형이고, 뒷면에 털이 있으며 잎끝이 둥글다. 자주색 꽃이 총상꽃차례나 원추꽃차례에 달린다. 꼬투리열매는 끝이 뾰족하고, 씨가 하나씩 들어 있다. 개싸리는 작은잎이 긴타원형이고, 잎맥이 두드러진다.

갈잎떨기나무

- 🇰 전국에 자생 · 식재
- 🇰 어긋나기
- 🇰 세겹잎, 3~7cm
- 🇰 7~9월
- 🇰 10월

5 꽃(9월) **6 개싸리**(9월) : 겨울에 가지가 대부분 죽어 풀처럼 자라며, 흰 꽃이 핀다. **7 잎**(6월) : 작은잎의 잎끝이 둥글다. **8 개싸리의 잎**(9월) : 작은잎이 긴타원형이고, 잎맥이 두드러진다.

1 꽃(8월) 2 어린 열매(9월): 꼬투리열매로 끝이 뾰족하고, 보통 씨가 1개씩 들어 있다. 3 열매(12월) 4 잎(7월)
5 어린잎(4월) : 숲의 다른 나무에 비해 잎이 늦게 나며, 털은 곧 떨어진다.

콩과 다릅나무속 | **다릅나무**

어린잎은 흰 털로 뒤덮여서 빛을 받으면 반짝인다.
깃꼴겹잎은 작은잎 9~11장으로 구성되며, 작은잎
의 잎몸은 긴달걀형이고 잎가장자리가 밋밋하다.
흰 꽃이 가지 끝에 총상꽃차례나 원추꽃차례로 달
린다. 솔비나무는 제주도에 자생하며, 깃꼴겹잎은
작은잎 9~17장으로 구성된다.

갈잎큰키나무

- 🌳 전국의 숲에 자생
- 🍃 어긋나기
- 🌿 깃꼴겹잎, 10~15cm
- 🌸 7~8월
- 🍂 9~10월

6 어린가지와 겨울눈(4월). 7 나무껍질(4월) : 암갈색 나무껍질이 종잇장처럼 벗겨지고 말린다.
8 전체 모양(12월). 9 솔비나무의 잎(6월) : 깃꼴겹잎은 작은잎이 보통 9~17장이다.

273

1 꽃봉오리(8월) 2 잎(3월)

콩과 도둑놈의갈고리속 | **된장풀**

갈잎떨기나무

- 제주도에 자생
- 어긋나기
- 세겹잎, 5~10cm
- 6~8월
- 9월

어린가지는 회색이고 털이 있다. 잎은 세겹잎으로 작은잎은 두껍고 표면에 윤기가 나며, 뒷면에 털이 있고 잎가장자리가 밋밋하다. 흰 꽃이 총상꽃차례에 달린다. 꼬투리열매는 4~6개 마디로 되어 있으며, 겉에 갈고리 같은 털이 있어 옷에 잘 붙는다.

1 꽃(8월) 2 꽃(8월) : 자주색이며 가운데가 노랗다. 3 열매(9월) 4 잎(7월) : 작은잎의 모양이 독특하다.
5 어린가지(6월) : 억센 털이 많다.

갈잎덩굴나무	

- 전국에 자생 · 식재
- 어긋나기
- 세겹잎, 15~25cm
- 7~8월
- 9~10월

나무껍질은 갈색이다. 잎은 세겹잎으로 작은잎의 잎몸은 마름모꼴에 가까운 달걀형이고, 얕게 2~3개로 갈라지며 잎가장자리는 밋밋하다. 자주색 꽃이 총상꽃차례에 달린다. 꼬투리열매는 편평하고, 표면에 억센 갈색 털이 많다. 생장이 왕성하여 다른 식물을 덮어 자라지 못하게 하는 경우가 많다.

1 전체 모양(6월). 2 꽃(5월) 3 꽃(5월) 4 열매(11월) : 꼬투리열매는 긴 원통형이다. 5 열매와 씨(11월). 6 잎(6월)

콩과 땅비싸리속 | **땅비싸리**

많은 줄기가 한 군데 모여난다. 깃꼴겹잎은 작은잎 7~11장으로 구성된다. 작은잎의 잎몸은 원형이나 타원형이고 양면에 털이 있으며, 잎가장자리가 밋 밋하다. 분홍색 꽃은 다소 처지는 총상꽃차례로 달 린다. 낭아초는 총상꽃차례가 곧추선다.

갈잎떨기나무

- 전국의 숲에 자생
- 어긋나기
- 깃꼴겹잎, 8~15cm
- 5~6월
- 10월

1 꽃(7월) 2 꽃(7월) 3 열매(11월) : 꼬투리열매는 긴 원통형이다. 4 열매와 씨(9월). 5 잎(8월) 6 전체 모양(8월).

갈잎떨기나무

🔲 전국에 자생·식재
🔳 어긋나기
🔳 깃꼴겹잎, 6~15cm
🔳 6~8월
🔳 9~10월

가지가 많이 갈라지고, 어린가지에 털이 있다. 깃꼴겹잎은 작은잎 7~11장으로 구성된다. 작은잎의 잎몸은 타원형이고 뒷면에 털이 있으며, 잎가장자리가 밋밋하다. 분홍색 꽃은 곧추서는 총상꽃차례로 달린다.

1 꽃(5월) : 총상꽃차례에 달린다. 2 꽃(5월) 3 열매(9월) 4 잎(5월) 5 어린가지와 꽃봉오리(4월). 6 나무껍질(11월)

콩과 등속 | 등

깃꼴겹잎은 작은잎 13~19장으로 구성된다. 작은잎의 잎몸은 타원형이나 달걀형이고, 잎가장자리가 밋밋하다. 보라색 꽃은 노란 무늬가 있고 향기가 진하다. 길이가 10~15cm인 꼬투리열매는 표면에 잔털이 빽빽하다. 덩굴로 그늘을 만들기 위해 흔히 식재한다.

갈잎덩굴나무

- 전국에 자생 · 식재
- 어긋나기
- 깃꼴겹잎, 15~30cm
- 5월
- 9~10월

1 꽃(5월) 2 열매(8월) : 꼬투리열매로 편평하다. 3 잎(5월) 4 어린가지와 겨울눈(4월) : 겨울눈은 묻힌눈이고, 턱잎이 변한 가시가 2개씩 달린다. 5 나무껍질(5월) : 세로로 깊게 갈라진다. 6 꽃아까시나무의 꽃(5월) : 분홍색이다.

갈잎큰키나무

- 🟦 전국에 식재
- 🟫 어긋나기
- 🟩 깃꼴겹잎, 12~20cm
- 🟦 5~6월
- 🟩 9월

콩과 아까시나무속 | **아까시나무**

깃꼴겹잎은 작은잎 9~19장으로 구성된다. 작은잎의 잎몸은 타원형이고, 잎가장자리가 밋밋하다. 흰 꽃이 총상꽃차례로 달린다. 꽃아까시나무는 전체에 억세고 붉은 털이 빽빽하다. 꽃과 열매가 없을 때는 회화나무와 비슷하지만, 회화나무는 어린가지가 녹색인 점이 다르다.

279

1 꽃(5월) 2 꽃(5월) 3 잎(6월) 4 어린가지(12월) 5 전체 모양(5월).

콩과 골담초속 | 골담초

나무껍질은 회갈색이고, 가지에 가시가 있다. 짝수
깃꼴겹잎은 작은잎 네 장으로 구성된다. 소잎자루
는 매우 짧고, 작은잎의 잎몸은 거꿀달걀형이나 긴
타원형이며, 잎가장자리가 밋밋하다. 노란 꽃이 한
송이씩 달리고, 점차 적황색으로 변한다. 원통형 꼬
투리열매가 드물게 달린다.

갈잎떨기나무

- 🏠 전국에 식재
- 🌿 어긋나기
- 🍃 짝수깃꼴겹잎,
  3~6cm
- ☀ 4~5월
- 🍂 7월

280

1 꽃(5월) 2 꽃(7월) : 원통형이다. 3 열매(8월) 4 열매(11월) : 꼬투리열매로 약간 굽으며, 씨가 1개씩 들어 있다.
5 잎(6월) 6 전체 모양(5월).

갈잎떨기나무

- 전국에 식재
- 어긋나기
- 깃꼴겹잎, 15~25cm
- 5~7월
- 9~10월

콩과 족제비싸리속 | **족제비싸리**

나무껍질은 회갈색이고, 어린가지에 털이 있다. 깃꼴겹잎은 작은잎 11~25장으로 구성된다. 작은잎의 잎몸은 타원형이나 긴타원형이고, 잎가장자리가 밋밋하다. 짙은 자주색 원통형 꽃이 소꽃자루가 매우 짧은 총상꽃차례에 달리며, 마치 동물의 꼬리 같다.

1 꽃봉오리(7월) 2 열매(11월) 3 잎(11월) 4 어린가지와 겨울눈(3월). 5 나무껍질(6월) 6 전체 모양(11월).

운향과 초피나무속 | **머귀나무**

나무껍질에 밑 부분이 두꺼운 가시가 있지만, 나이 든 줄기에는 없는 경우가 많다. 깃꼴겹잎은 작은잎 19~23장으로 구성된다. 작은잎은 두껍고 피침형이 며, 잎가장자리가 구불거리고 둔한 톱니가 있다. 암 수딴그루로 흰 꽃이 원추꽃차례에 달린다. 둥근 열 매는 붉은색으로 익는다.

갈잎큰키나무

🌏 남부 지방과 울릉도의 숲에 자생

🍃 어긋나기

🍂 깃꼴겹잎, 30~45cm

❀ 7~8월

🍒 10~11월

1 꽃(5월) 2 열매(10월) 3 잎(8월) 4 잎(5월) : 총잎자루에 좁은 날개가 있다. 5 어린가지(11월) : 마주나는 가시가 있다. 6 나무껍질(11월) : 밑 부분이 두꺼운 가시가 있다.

갈잎작은키나무

- 🌏 제주도의 숲에 자생
- 🍃 어긋나기
- 🍂 깃꼴겹잎, 10~20cm
- ❀ 4~5월
- 🍒 8~9월

운향과 초피나무속 | **왕초피나무**

나무껍질에 밑 부분이 두꺼운 가시가 있고, 어린가지에 마주나는 가시와 털이 있다. 깃꼴겹잎은 작은잎 7~13장으로 구성된다. 작은잎은 달걀형이며, 잎 가장자리에 둔한 톱니가 있고, 총잎자루에 좁은 날개가 있다. 꽃잎이 없는 꽃이 원추꽃차례에 달린다. 둥근 열매는 붉은색으로 익는다.

1 열매(10월): 둥근 열매가 붉은색으로 익는다. 2 잎(11월) 3 잎(6월) : 총잎자루에 넓은 날개가 있다.
4 잎가장자리(5월) : 둔한 톱니가 있다. 5 어린가지와 겨울눈(11월) : 마주나는 가시가 있다. 6 나무껍질(10월)

운향과 초피나무속 | **개산초**

나무껍질에 밑 부분이 두꺼운 가시가 있고, 어린가지에 마주나는 가시와 털이 있다. 깃꼴겹잎은 작은잎 5~7장으로 구성된다. 작은잎은 긴달걀형이며, 잎가장자리에 둔한 톱니가 있고, 총잎자루에 넓은 날개가 있다. 암수딴그루로 꽃은 총상꽃차례나 원추꽃차례에 달린다.

늘푸른떨기나무

- 🗺 남부 지방의 숲에 자생
- 🍃 어긋나기
- 🍂 깃꼴겹잎, 6~15cm
- ✿ 5~6월
- 🌰 9~10월

1 열매(5월) 2 지난해 열매(4월) : 둥근 열매는 붉은색으로 익고, 벌어지면 검은 씨가 드러난다. 3 잎(8월)
4 산초나무와 작은잎 비교(7월). 5 어린가지(11월) 6 나무껍질(11월) : 밑 부분이 두꺼운 가시가 있다.

갈잎떨기나무

🔲 경기도 이남의
　숲에 자생

🔲 어긋나기

🔲 깃꼴겹잎, 8~15cm

🔲 5~6월

🔲 9~10월

운향과 초피나무속 | **초피나무**

어린가지에 마주나는 가시가 있다. 깃꼴겹잎은 작은잎 9~13장으로 구성되고, 작은잎은 달걀형이며, 잎가장자리에 큰 톱니가 있다. 암수딴그루로 황록색 꽃이 원추꽃차례에 달린다. 산초나무는 잎가장자리에 작은 톱니가 있으며, 어린가지에 가시가 어긋나게 달린다.

1 열매(9월) 2 꽃(8월) 3 잎(6월) 4 어린가지(6월) 5 나무껍질(3월) 6 전체 모양(8월).

운향과 초피나무속 | 산초나무

나무껍질에 밑 부분이 두꺼운 가시가 있고, 어린가지에는 가시가 하나씩 달린다. 깃꼴겹잎은 작은잎 13~21장으로 구성된다. 작은잎은 달걀형이나 타원형이며, 잎가장자리에 작은 톱니가 있다. 암수딴그루로 연두색 꽃이 겹산방꽃차례에 달린다. 둥근 열매는 붉은색으로 익고, 벌어지면 검은 씨가 드러난다.

갈잎떨기나무

- 전국의 숲에 자생
- 어긋나기
- 깃꼴겹잎, 8~18cm
- 8~9월
- 9~10월

286

1 꽃(7월) 2 열매(8월) : 타원형이고 끝이 뾰족하며, 붉은색으로 익는다. 3 잎(5월) 4 잎가장자리(5월)
5 겨울눈(11월) 6 나무껍질(9월) : 매끈하다.

갈잎큰키나무

- 중부 지방과 울릉도에 자생, 전국에 식재
- 마주나기
- 깃꼴겹잎, 15~30cm
- 7~8월
- 10월

운향과 쉬나무속 | **쉬나무**

겨울눈은 맨눈이고, 깃꼴겹잎은 작은잎 7~11장으로 구성된다. 작은잎은 달걀형이나 긴타원형이고, 잎가장자리에 뚜렷하지 않은 톱니가 있다. 흰 꽃이 원추꽃차례에 달리며, 꽃자루에 잔털이 빽빽하다. 황벽나무는 나무껍질에 푹신한 코르크층이 발달하고, 잎자루안겨울눈이다.

1 열매(9월) 2 암꽃(5월) 3 잎(9월) 4 잎 뒷면(6월). 5 어린가지와 겨울눈(12월) 6 나무껍질(9월) : 푹신한 코르크층이 발달하고, 안쪽은 노란색이다.

운향과 황벽나무속 | **황벽나무**

갈잎큰키나무

겨울눈은 잎자루안겨울눈이다. 깃꼴겹잎은 작은잎 5~13장으로 구성된다. 작은잎은 달걀형이나 긴타원형이며, 앞면에 윤기가 나고 뒷면은 흰 빛이 돈다. 황록색 꽃이 원추꽃차례에 달리며, 둥근 열매는 검은색으로 익는다.

- 🌲 중부 지방과 울릉도의 숲에 자생
- 📍 마주나기
- 🍃 깃꼴겹잎, 15~30cm
- 🌸 5~6월
- 🍂 7~10월

1 열매(9월) 2 꽃(4월) 3 잎(5월) 4 어린가지와 겨울눈(11월) : 어린가지는 녹색이고, 단면이 다소 편평하며, 큰 가시가 있다. 5 전체 모양(12월). 6 천연기념물 79호 인천시 강화군 사기리 탱자나무(7월).

갈잎떨기나무

- 경기도 이남에 식재
- 어긋나기
- 세겹잎, 5~10cm
- 4~6월
- 9~10월

잎은 세겹잎으로 작은잎의 잎몸은 달걀형이나 타원형이고, 잎가장자리에 잔 톱니가 있으며, 총잎자루에 날개가 있다. 흰 꽃이 1~2송이씩 달린다. 지름 약 3cm인 둥근 열매는 표면에 부드러운 털이 있으며, 노란색으로 익고 향기가 좋다. 산울타리로 많이 심는다.

1 열매(12월) : 납작한 구형이고, 노란색으로 익는다. 2 어린 열매(8월). 3 전체 모양(3월). 4 유자나무의 잎(1월) : 잎자루에 넓은 날개가 있다. 5 유자나무의 열매(1월) : 표면이 울툭불툭하다.

운향과 굴속 | 굴

늘푸른작은키나무

🅵 제주도에 식재
🅸 어긋나기
🅹 홑잎, 타원형, 5~7cm
🅲 6월
🅼 10월

나무껍질이 잘게 갈라진다. 잎몸은 타원형이고 가장자리에 밋밋하거나 잔 톱니가 있으며, 잎자루에 좁은 날개가 있거나 없다. 흰 꽃이 한 송이씩 달리고 향기가 진하다. 열매는 표면에 윤기가 있고, 식용한다. 유자나무는 잎자루에 넓은 날개가 있고, 열매의 표면이 다소 울툭불툭하다.

1 잎(6월) 2 잎(5월) 3 작은잎(6월) : 좌우가 비대칭형이고, 잎가장자리에 둔한 톱니가 있다.
4 어린가지와 겨울눈(6월). 5 겨울눈(11월) : 맨눈이다.

<table>
갈잎작은키나무
</table>

갈잎작은키나무

- ⬛ 전국의 숲에 자생
- 🔸 어긋나기
- 🍃 깃꼴겹잎, 20~35cm
- ☀ 4~6월
- 🔻 8~9월

소태나무과 소태나무속 | 소태나무

나무껍질이 갈라지지 않는다. 깃꼴겹잎은 작은잎 9~15장으로 구성된다. 작은잎의 잎몸은 달걀형이며, 좌우가 비대칭형이다. 암수딴그루로 황록색 꽃이 겹산방꽃차례에 달린다. 둥근 열매는 붉게 익고, 꽃받침잎이 남아 있다. 나무껍질, 어린가지, 총잎자루 등을 씹으면 매우 쓴맛이 나며 오래 간다.

1 열매(8월) : 시과는 가운데 씨가 1개씩 있으며, 이듬해 봄까지 떨어지지 않는다. 2 꽃(6월) 3 잎(5월)
4 작은잎의 뒷면(9월) : 톱니 끝 부분에 샘이 있다. 5 어린가지와 겨울눈(12월) : 어린가지는 굵고, 잎자국이 크다.
6 나무껍질(11월) : 매끈하다.

소태나무과 가죽나무속	**가죽나무**(가중나무)	**갈잎큰키나무**

갈잎큰키나무

- 전국에 식재
- 어긋나기
- 깃꼴겹잎, 50~80cm
- 6월
- 8월

깃꼴겹잎은 작은잎 13~25장으로 구성된다. 작은잎의 잎몸은 피침형이며, 잎끝이 길고 잎아래에 큰 톱니 2~4쌍이 있다. 암수딴그루로 흰색이나 황록색 꽃이 원추꽃차례에 달리며, 수꽃에서는 악취가 난다. 해충인 꽃매미가 주로 알을 낳는 나무로 문제가 될 수 있으며, 아직 연구 중이다.

1 전체 모양(10월). 2 열매(9월) 3 씨(1월) : 날개가 있다. 4 잎(10월) 5 어린가지와 겨울눈(1월) : 어린가지는 굵고, 잎자국이 크다. 6 나무껍질(5월) : 세로로 갈라지고 벗겨진다.

갈잎큰키나무

- 🏞 전국에 식재
- 🍃 어긋나기
- 🍂 깃꼴겹잎, 50~80cm
- 📷 5~6월
- 🍎 9월

멀구슬나무과 참죽나무속 | **참죽나무**

깃꼴겹잎은 작은잎 9~21장으로 구성된다. 작은잎의 잎몸은 피침형이며, 잎끝이 길고 잎가장자리는 톱니가 약간 있거나 없다. 암수한그루로 흰 꽃이 원추꽃차례에 달린다. 열매는 익으면 다섯 개로 벌어지는데, 마치 종이로 만든 공작물 같다.

293

1 꽃(5월) 2 꽃(6월) 3 열매(12월) 4 잎(6월) 5 어린가지와 겨울눈(1월) : 털이 빽빽하다.
6 나무껍질(1월) : 세로로 잘게 갈라진다.

멀구슬나무과 멀구슬나무속 | **멀구슬나무**

갈잎큰키나무

- 남부 지방에 식재
- 어긋나기
- 두번~세번깃꼴겹잎,
  50~90cm
- 5~6월
- 9~10월

어린가지는 털이 빽빽하다. 잎은 두번~세번깃꼴겹
잎으로 작은잎의 잎몸은 달걀형이고, 잎끝이 길며
잎가장자리에 큰 톱니가 있다. 보라색 꽃이 원추꽃
차례에 달린다. 둥근 열매는 노란색으로 익으며, 오
래 되면 표면에 주름이 생기고 이듬해 봄까지 그대
로 붙어 있다.

1 어린 열매(6월). 2 잎(6월) 3 잎 뒷면(5월) 4 겨울눈(12월) 5 나무껍질(6월) : 매끈하다.
6 좀굴거리나무의 잎(6월) : 잎몸의 길이가 10cm 이하이고, 잎 뒷면이 연한 녹색이다.

| 늘푸른작은키나무 | 굴거리나무과 굴거리나무속 | **굴거리나무** |

늘푸른작은키나무

- 전라도, 제주도, 안면도, 울릉도에 자생
- 모여나기
- 홑잎, 긴타원형, 10~20cm
- 4~6월
- 9~11월

가지 끝에서 잎이 모여나며, 오래 된 잎은 처지고, 새 잎은 선다. 잎몸은 두껍고 긴타원형이며, 잎 뒷면에 흰 빛이 돈다. 꽃잎이 없는 꽃이 잎겨드랑이에서 총상꽃차례에 달리고, 타원형 열매는 자주색으로 익는다. 좀굴거리나무는 잎의 크기와 뒷면 색으로 식별할 수 있다.

1 열매(8월) : 벌어진 열매 사이에 검은 씨가 있다.　2 수꽃(7월)　3 잎(6월)　4 어린가지(8월) : 붉은 털이 빽빽하다.
5 겨울눈(1월) : 맨눈이다.　6 나무껍질(10월)

대극과 예덕나무속 | **예덕나무**

나무껍질이 오래 되면 세로로 갈라진다. 잎몸은 마름모꼴에 가까운 달걀형이고, 세 개로 얕게 갈라지기도 한다. 잎몸의 아랫부분에 주맥에서 갈라진 측맥 두 개가 뚜렷하고, 잎가장자리는 밋밋하다. 암수딴그루로 꽃은 원추꽃차례에 달린다. 열매는 털이 많다.

갈잎작은키나무

- 🗺 남부 지방의 숲에 자생
- 🍃 모여나기(가지 끝), 어긋나기
- 🌿 홑잎, 달걀형, 10~20cm
- 🌸 6~7월
- 🍒 8~10월

1 열매(8월) 2 열매 단면(8월) : 씨가 3개 있다. 3 잎(8월) : 잎가장자리는 밋밋하다. 4 잎아래(8월) : 잎자루 끝에 자루 없는 샘이 있다. 5 나무껍질(10월) : 매끈하다. 6 전체 모양(9월).

갈잎큰키나무

- 📍 남부 지방에 식재
- 🍃 모여나기(가지 끝), 어긋나기
- 🌿 홑잎, 달걀형, 7~20cm
- 🌸 5월
- 🍂 9월

대극과 유동속 | **유동**

잎자루가 매우 길며, 잎자루 끝에 자루가 없는 샘이 있다. 잎몸의 아랫부분에 주맥에서 갈라진 측맥 네 개가 뚜렷하다. 붉은빛이 도는 흰 꽃이 원추꽃차례에 달린다. 열매는 둥글고 끝이 뾰족하며, 안쪽은 매우 끈적끈적하다. 일본유동은 잎아래에 자루가 달린 샘이 있는 것이 다르다.

1 잎과 수꽃(8월). 2 수꽃(8월) 3 열매(9월) 4 잎(6월) 5 나무껍질(10월)

대극과 광대싸리속 | 광대싸리

나무껍질이 세로로 갈라지며, 가지는 처진다. 잎몸은 타원형으로 잎끝이 둥글고, 뒷면은 회색이며 잎 가장자리는 밋밋하다. 암수딴그루로 황록색 꽃이 잎겨드랑이에 모여 달린다. 둥글납작한 열매가 누런색으로 익는다. 싸리는 세겹잎이 달린다.

갈잎떨기나무

🗺 전국의 숲에 자생

🌿 어긋나기

🍃 홑잎, 타원형, 2~5cm

🌸 6~8월

🍂 8~10월

1 꽃(6월) 2 열매(10월) 3 잎(5월) 4 어린가지와 겨울눈(11월) : 겨울눈이 뾰족하다. 5 나무껍질(11월)

갈잎작은키나무

- 경기도 이남의 숲에 자생
- 어긋나기
- 홑잎, 달걀형, 7~15cm
- 4~6월
- 7~10월

대극과 사람주나무속 | **사람주나무**

나무껍질이 매끈하고, 흰 가루가 묻어 있는 것 같다. 잎몸은 달걀형이나 타원형이고, 뒷면 가장자리에 샘이 있으며, 잎가장자리는 밋밋하다. 암수한그루로 수꽃은 긴 꽃자루에 다닥다닥 달리고, 아래쪽에 암꽃이 몇 송이씩 달린다. 열매는 세 개로 갈라지고, 암술대가 남는다.

1 꽃(7월) 2 열매(11월) 3 나무껍질(11월) 4 전체 모양(7월).

대극과 사람주나무속 | **조구나무(오구나무)**

나무껍질이 세로로 갈라진다. 잎몸은 약간 두껍고 마름모꼴에 가까운 달걀형이며, 긴 잎자루에 달린다. 잎끝이 길고, 잎아래에 샘이 있으며, 잎가장자리는 밋밋하다. 암수한그루로 수꽃은 긴 꽃자루에 다닥다닥 달리고, 아래쪽에 암꽃이 2~3송이씩 달린다.

갈잎큰키나무

- 🌳 남부 지방에 식재
- 🍃 어긋나기
- 🍂 홑잎, 달걀형, 6~12cm
- 🌸 6~7월
- 🍎 9~10월

1 꽃(3월) 2 열매(6월) 3 잎과 어린가지(4월) : 어린가지는 네모진다. 4 잎 뒷면(11월). 5 나무껍질(5월) :
불규칙하게 갈라진다. 6 전체 모양(4월) : 산울타리로 흔히 식재한다.

늘푸른작은키나무	회양목과 회양목속 | **회양목**

늘푸른작은키나무

- 🔲 전국에 자생 · 식재
- 🔲 마주나기
- 🔲 홑잎, 타원형, 1~2cm
- 🔲 3~4월
- 🔲 9~10월

회양목과 회양목속 \| **회양목**

잎은 두껍고 타원형이며, 잎가장자리는 밋밋하고
젖혀진다. 암수한그루로 연한 노란색 꽃이 피며, 중
앙에 암꽃이 있고 그 둘레에 수꽃 1~4송이가 핀다.
열매는 갈색으로 익고, 세 개로 벌어진다. 한 그루
씩 심어 둥글게, 혹은 여러 그루를 연속으로 심어
산울타리로 사용한다.

1 열매(7월) 2 어린 열매(6월). 3 전체 모양(6월).

시로미과 시로미속 | **시로미**

키가 30cm 이하로 매우 작고, 어린가지는 적갈색이며 털이 있다. 잎몸은 두껍고 윤기가 나며, 선형이다. 붉은색 꽃이 잎겨드랑이에 다닥다닥 달린다. 둥근 열매는 검은색으로 익는다.

늘푸른떨기나무

- 🅵 제주도 한라산에 자생
- 🆆 어긋나기
- 🅹 홑잎, 선형, 1cm 이하
- 🅾 5월
- 🆅 7~9월

1 꽃과 잎(6월). 2 잎(10월) 3 열매(6월) : 둥글고 납작하다. 4 어린가지와 겨울눈(11월). 5 나무껍질(5월)
6 전체 모양(6월).

갈잎작은키나무

- 전국에 식재
- 어긋나기
- 홑잎, 거꿀달걀형,
  5~10cm
- 5~7월
- 9~10월

옻나무과 안개나무속 | **안개나무**(자연나무)

나무껍질이 세로로 갈라지고, 조각으로 벗겨진다.
잎몸은 거꿀달걀형이고 잎끝은 둥글며, 잎가장자리
는 밋밋하다. 황록색이나 붉은색 꽃이 원추꽃차례
에 달리고, 소꽃자루에는 털이 있다. 꽃이 피었을
때 나무에 안개가 낀 것처럼 보인다.

1 꽃(8월) 2 작은잎(10월) : 가을에 붉은색으로 단풍이 든다. 3 어린가지와 겨울눈(4월). 4 수꽃(8월)
5 열매(10월) : 표면에 갈색 털이 빽빽하다. 6 잎(8월) 7 나무껍질(3월)

옻나무과 옻나무속 | **붉나무**

깃꼴겹잎은 작은잎 7~13장으로 구성되고, 총잎자
루에 날개가 있다. 작은잎의 잎몸은 달걀형으로 큰
톱니가 있다. 암수딴그루고 흰 꽃이 가지 끝에 원추
꽃차례로 달린다. 둥글납작한 열매는 붉은색으로
익고, 짠맛이 나는 흰 물질이 묻어 있다. 단풍이 붉
게 든다.

갈잎작은키나무

🗺 전국의 숲에 자생
🌿 어긋나기
🍃 깃꼴겹잎, 20~40cm
🌸 7~9월
🍒 8~11월

304

1 전체 모양(5월). 2 꽃(5월) 3 열매(9월) : 표면에 억센 털이 빽빽하다. 4 잎(6월) 5 작은잎(6월) : 톱니가 발달하는 것도 있다. 6 겨울눈(8월) : 맨눈이다.

갈잎작은키나무

- 🇰🇷 전국의 숲에 자생
- 🔲 모여나기(가지 끝), 어긋나기
- 🍃 깃꼴겹잎, 20~50cm
- 🌸 4~6월
- 🔴 9~11월

옻나무과 옻나무속 | 개옻나무

나무껍질이 매끈하다. 깃꼴겹잎은 작은잎 13~17장으로 구성되고, 잎자루는 붉은색이다. 작은잎의 잎몸은 타원형이고, 뒷면에 털이 있다. 잎가장자리는 밋밋하거나 톱니가 2~3개 있다. 암수딴그루로 황록색 꽃이 처지는 원추꽃차례에 달린다. 옻나무보다는 독성이 덜하지만, 만지지 않는 것이 안전하다.

1 전체 모양(5월). 2 잎(10월) 3 새순(5월) : 붉은색이다. 4 어린가지와 겨울눈(11월) : 겨울눈은 맨눈이고, 잎자국이 크다. 5 나무껍질(6월)

옻나무과 옻나무속 | 옻나무

어린가지는 털이 있으나 곧 없어진다. 깃꼴겹잎은 작은잎 7~11장으로 구성된다. 작은잎의 잎몸은 타원형이고 양면에 털이 있으며, 잎가장자리가 밋밋하다. 황록색 꽃이 원추꽃차례에 달린다. 둥글납작한 열매는 표면에 털이 없고 윤기가 난다.

갈잎작은키나무

- 전국에 식재
- 모여나기(가지 끝), 어긋나기
- 깃꼴겹잎, 25~40cm
- 5월
- 9월

1 전체 모양(6월). 2 열매(10월) 3 잎(6월) 4 어린가지와 겨울눈(10월) : 털이 있다.

갈잎작은키나무

- 남부 지방의 숲에 자생
- 모여나기(가지 끝), 어긋나기
- 깃꼴겹잎, 20~40cm
- 5월
- 10월

옻나무과 옻나무속 | **산검양옻나무**

깃꼴겹잎은 작은잎 7~15장으로 구성된다. 작은잎의 잎몸은 긴타원형이고 뒷면에 털이 있으며, 잎가장자리가 밋밋하다. 황록색 꽃이 원추꽃차례에 달리며, 꽃자루에 누런색 털이 빽빽하다. 둥글납작한 열매는 표면에 털이 없고 윤기가 난다. 검양옻나무는 잎에 털이 없다.

307

1 잎과 열매(9월). 2 짧은가지(9월) 3 나무껍질(4월)

감탕나무과 감탕나무속 | 대팻집나무

회백색 나무껍질이 매끈하며, 짧은가지가 길게 발
달한다. 잎몸은 달걀형이고 표면에 윤기가 나며, 뒷
면의 잎맥은 논바닥 갈라진 모양과 비슷하다. 잎가
장자리에 불규칙하고 둔한 톱니가 있다. 암수딴그
루로 흰 꽃이 짧은가지에 모여 달린다. 둥근 열매는
붉은색으로 익는다.

갈잎큰키나무

- 🔲 충청도 이남의
  숲에 자생
- 🔳 모여나기(짧은가지),
  어긋나기(긴가지)
- 🔲 홑잎, 달걀형, 5~10cm
- 🔲 5~6월
- 🔲 9~11월

1 열매(10월) 2 열매(11월) 3 꽃(6월) : 분홍색이다. 4 잎(6월) 5 미국낙상홍의 열매 : 지름이 6~8mm다.
6 미국낙상홍의 꽃(6월) : 흰색이다.

갈잎떨기나무

- 전국에 식재
- 어긋나기
- 홑잎, 타원형, 4~8cm
- 6월
- 10월

감탕나무과 감탕나무속 | **낙상홍**

잎끝이 뾰족하고 양면에 털이 있으며, 잎가장자리
에 예리한 톱니가 발달한다. 암수딴그루로 분홍색
꽃이 모여 달린다. 지름 약 5mm인 둥근 열매는 붉
은색으로 익고, 낙엽이 진 뒤에도 오랫동안 떨어지
지 않는다. 미국낙상홍은 꽃의 색깔과 열매 크기가
다르다.

1 열매(2월) 2 열매(11월) 3 꽃(6월) 4 잎(11월) 5 전체 모양(6월).

감탕나무과 감탕나무속 | 꽝꽝나무

어린가지에 잔털이 있다. 타원형 잎몸이 두껍고 표면에 윤기가 나며, 잎가장자리에 뚜렷하지 않은 톱니가 있다. 암수딴그루로 흰 꽃이 잎겨드랑이에 달린다. 둥근 열매는 검은색으로 익는다. 산울타리로 흔히 심고 전체 모양과 잎이 회양목과 비슷한데, 회양목은 잎이 마주나는 점이 다르다.

늘푸른떨기나무

🔻 남부 지방에
　자생 · 식재
🔲 어긋나기
🔳 홑잎, 타원형, 1~3cm
🔲 6~7월
🔻 9~11월

1 열매(11월). 2 잎(1월). 3 톱니가 없는 잎(10월). 4 나무껍질(5월) : 매끈하다. 5 전체 모양(12월).

늘푸른떨기나무

- 전라도와 제주도에 자생, 남부 지방에 식재
- 어긋나기
- 홑잎, 타원형, 4~8cm
- 4~5월
- 10~12월

감탕나무과 감탕나무속 | **호랑가시나무**

타원형 잎몸이 두껍고 윤기가 나며, 잎가장자리에 가시 같은 톱니가 있거나 밋밋하다. 황록색 꽃이 잎 겨드랑이에 다닥다닥 달린다. 둥근 열매는 붉은색 으로 익으며, 오랫동안 떨어지지 않는다. 구골나무 는 잎몸 모양이 비슷하지만 잎이 마주난다.

1 열매(10월) 2 열매10월) 3 꽃(6월) 4 잎(12월) : 잎몸이 주맥을 따라 좌우로 접은 것 같다.
5 나무껍질(10월) : 매끈하다.

감탕나무과 감탕나무속 | **먼나무**

타원형 잎몸이 두껍다. 주맥이 뚜렷하지만 측맥은
희미하며, 잎가장자리가 밋밋하다. 암수딴그루로
황록색 꽃이 취산꽃차례에 달린다. 둥근 열매는 붉
은색으로 익으며, 겨우내 달려 있다. 제주도에서 가
로수로 흔히 심는다.

늘푸른큰키나무

🔲 전라남도와 제주도에
　자생, 남부 지방에 식재
🔲 어긋나기
🔲 홑잎, 타원형, 4~9cm
🔲 5~6월
🔲 10월

1 열매(10월) 2 열매(10월) 3 꽃(4월) 4 잎(12월) 5 나무껍질(12월) 6 전체 모양(3월).

늘푸른작은키나무

- 🔲 전라도와 제주도에 자생
- 🔲 어긋나기
- 🔲 홑잎, 긴타원형, 5~10cm
- 🔲 3~4월
- 🔲 8~11월

감탕나무과 감탕나무속 | **감탕나무**

회색 나무껍질이 매끈하다. 타원형이나 긴타원형 잎몸은 두껍고 주맥이 뚜렷하지만, 측맥은 희미하다. 잎가장자리는 보통 밋밋한데, 톱니가 2~3개 있기도 한다. 암수딴그루로 황록색 꽃이 잎겨드랑이에 모여 달린다. 둥근 열매는 붉은색으로 익는다.

1 꽃(5월) 2 열매(10월) 3 열매(12월) : 익으면 벌어지고, 붉은 씨 2개가 드러난다. 4 잎(11월)
5 어린가지와 겨울눈(11월). 6 **회잎나무**의 어린가지(5월).

노박덩굴과 사철나무속 | **화살나무**

갈잎떨기나무

🗺 전국에 자생 · 식재
🌿 마주나기
🍃 홑잎, 타원형, 3~5cm
🌸 5월
🍂 10월

어린가지는 녹색이고 코르크질 날개가 2~4개 발달
하지만, 간혹 없는 경우도 있다. 잎몸은 타원형이
고, 잎가장자리에 잔 톱니가 있다. 황록색 꽃이 보
통 세 송이씩 잎겨드랑이에 취산꽃차례로 달리며,
단풍이 붉게 든다. 회잎나무는 어린가지에 넓은 날
개가 없이 돌기 같은 흔적만 있다.

314

1 꽃(6월) : 잎에 붙은 듯 납작한 꽃이 달린다.

갈잎떨기나무

- 🅺 백두대간의 숲에 자생
- 🅽 마주나기
- 🅻 홑잎, 타원형, 3~6cm
- 🅲 6~7월
- 🅼 9~10월

노박덩굴과 사철나무속 | **회목나무**

어린가지는 녹색이고, 사마귀같이 검은 껍질눈이 발달한다. 잎몸은 타원형이며, 잎가장자리에 잔 톱니가 있다. 붉은 꽃이 1~3송이씩 잎에 붙은 듯 취산꽃차례로 달린다. 열매는 납작하고 방 네 개로 나뉘며, 붉은색으로 익는다.

1 열매(11월) : 익으면 벌어지고, 붉은 씨가 드러난다.　2 열매(11월)　3 꽃(7월)　4 잎(11월)　5 잎가장자리(11월)

노박덩굴과 사철나무속 | **사철나무**

어린가지는 녹색이고, 이는 사철나무속 나무의 공통점이다. 잎몸은 두껍고 달걀형이며, 잎가장자리에 둔한 톱니가 있다. 황록색 꽃이 잎겨드랑이에 취산꽃차례로 달린다. 둥근 열매는 방 네 개로 나뉘며, 붉은색으로 익는다. 줄사철나무는 늘푸른덩굴나무다.

늘푸른떨기나무

🌱 남부 지방에 자생, 전국에 식재

🍃 마주나기

🌿 홑잎, 달걀형, 3~7cm

🌼 6~7월

🍂 10~11월

6 겨울눈(11월) 7 전체 모양(5월). 8 줄사철나무(11월) : 가지에서 뿌리가 나와 다른 나무나 바위 등에 붙어 자란다.
9 줄사철나무의 잎(1월).

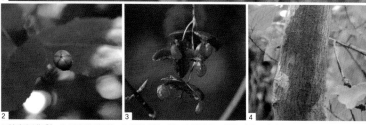

1 열매와 잎(8월). 2 어린 열매(6월). 3 열매(10월) : 익으면 벌어지고, 붉은 씨가 드러난다. 4 나무껍질(8월)

노박덩굴과 사철나무속 | 참회나무

나무껍질이 매끈하며, 어린가지는 녹색이며, 겨울눈이 길고 뾰족하게 발달한다. 잎몸은 타원형이고, 잎가장자리에 잔 톱니가 있다. 황록색 꽃이 잎겨드랑이에 취산꽃차례로 달린다. 둥근 열매는 방 다섯 개로 나뉘며, 날개가 없고 붉은색으로 익는다. 회나무는 둥근 열매에 짧은 날개가 달린다.

갈잎떨기나무

🌳 전국의 숲에 자생
🍃 마주나기
🍂 홑잎, 타원형, 4~8cm
🌼 5월
🍎 9~10월

318

1 꽃(6월) 2 어린 열매(8월). 3 열매(10월) : 익으면 벌어지고, 붉은 씨가 드러난다. 4 잎(8월)
5 어린가지와 겨울눈(10월) : 어린가지는 녹색이다. 6 나무껍질(8월)

| 갈잎떨기나무 | 노박덩굴과 사철나무속 \| **회나무** |

갈잎떨기나무

- 🌲 전국의 숲에 자생
- 🍃 마주나기
- 🍂 홑잎, 타원형, 4~8cm
- 🌸 6월
- 🍎 9~10월

노박덩굴과 사철나무속 | **회나무**

나무껍질이 매끈하며, 겨울눈이 길고 뾰족하게 발달한다. 잎몸은 타원형이고, 잎가장자리에 잔 톱니가 있다. 황록색 꽃이 잎겨드랑이에 취산꽃차례로 달린다. 둥근 열매는 방 다섯 개로 나뉘며, 짧은 날개가 있고 붉은색으로 익는다.

1 꽃(5월) **2** 꽃(5월) : 꽃잎이 4장이다. **3** 잎(5월) **4** 어린가지와 겨울눈(11월)

노박덩굴과 사철나무속 | **나래회나무**

나무껍질이 매끈하다. 어린가지는 녹색이며, 겨울
눈이 길고 뾰족하게 발달한다. 잎몸은 타원형이고,
잎가장자리에 잔 톱니가 있다. 황록색 꽃이 잎겨드
랑이에 취산꽃차례로 달린다. 둥근 열매는 방 네 개
로 나뉘며, 긴 날개가 있고 붉은색으로 익는다.

갈잎떨기나무

🔲 백두대간의 숲에 자생
🔲 마주나기
🔲 홑잎, 타원형,
　　5~12cm
🔲 5~7월
🔲 9~10월

1 열매(11월) 2 열매 단면(9월) 3 꽃(5월) : 꽃잎이 4장이다. 4 잎(5월) 5 어린가지와 겨울눈(11월)

갈잎작은키나무

- 🔲 전국의 숲에 자생
- 🔲 마주나기
- 🔲 홑잎, 타원형,
  5~12cm
- 🔲 5월
- 🔲 10~11월

노박덩굴과 사철나무속 | **참빗살나무**

나무껍질이 매끈하다. 어린가지는 녹색이며, 겨울눈이 작고 둥글다. 잎몸은 타원형이고, 잎가장자리에 잔 톱니가 있다. 황록색 꽃이 잎겨드랑이에 취산꽃차례로 달린다. 둥근 열매는 방 네 개로 나뉘며, 네모지고 붉은색으로 익는다. 참회나무와 회나무, 나래회나무는 겨울눈이 길고 뾰족하다.

1 열매(10월) 2 열매(11월) : 익으면 3개로 벌어지고, 붉은 씨가 드러난다. 3 꽃(5월) : 꽃잎이 5장이다. 4 잎(5월)
5 어린가지(5월) 6 푼지나무의 어린가지(5월) : 턱잎이 긴 가시로 변한다.

노박덩굴과 노박덩굴속 | **노박덩굴**

타원형 잎몸에 뒷면의 잎맥은 논바닥 갈라진 모양과
비슷하다. 잎가장자리에 둔한 톱니가 있고, 턱잎은
짧은 가시처럼 된다. 황록색 꽃이 잎겨드랑이에 취
산꽃차례로 달린다. 둥근 열매는 세 개로 갈라지며,
노란색으로 익는다. 푼지나무는 잎가장자리에 뾰족
한 톱니가 있고, 턱잎이 변한 가시가 길다.

갈잎덩굴나무

🌏 전국의 숲에 자생

🍃 어긋나기

🍂 홑잎, 타원형, 4~8cm

🌸 5~6월

🍎 9~10월

322

1 꽃(7월) 2 꽃(6월) : 꽃잎이 5장이다. 3 열매(8월) 4 잎(7월) 5 어린가지와 겨울눈(12월). 6 전체 모양(6월).

갈잎덩굴나무	노박덩굴과 미역줄나무속 | **미역줄나무**

갈잎덩굴나무

- 🗺 전국의 숲에 자생
- 🌿 어긋나기
- 🍃 홑잎, 달걀형,
  5~15cm
- ❀ 6~7월
- 🍂 9~10월

어린가지는 세로로 줄이 있고 돌기가 많다. 잎몸은
달걀형이고 뒷면의 맥 위에 털이 있으며, 잎가장자
리에 톱니가 있다. 흰 꽃이 원추꽃차례로 달린다.
시과는 붉은빛이 도는 연두색으로 익으며, 날개가
세 개 있다. 덩굴나무지만 간혹 떨기나무처럼 자라
기도 한다.

1 꽃(6월) : 꽃잎이 5장이다.　2 꽃봉오리(4월)　3 열매(6월)　4 잎(6월)　5 겨울눈(12월)　6 나무껍질(4월)

고추나무과 고추나무속 | **고추나무**

갈잎떨기나무

어린가지 끝에 가짜끝눈이 두 개씩 달린다. 잎은 세 겹잎으로 작은잎의 잎몸은 달걀형이고 잎끝이 길며, 잎가장자리에 예리한 톱니가 있다. 흰 꽃이 가지 끝에 원추꽃차례로 달린다. 부채 모양 열매는 방 두 개로 나뉘며, 노란색으로 익는다.

🌏 전국의 숲에 자생
🌿 마주나기
🍃 세겹잎, 6~12cm
🌸 4~6월
🍂 8~10월

1 열매(10월) 2 열매(11월) : 익으면 벌어지고, 검은 씨가 드러난다. 3 꽃봉오리(6월) 4 잎(5월) 5 작은잎(11월)
6 겨울눈(11월) 7 나무껍질(9월)

갈잎작은키나무

- 🗺 남부 지방의 숲에 자생
- 🌿 마주나기
- 🍃 깃꼴겹잎, 15~30cm
- 📷 5~6월
- 🍂 9~10월

고추나무과 말오줌때속 | **말오줌때**

어린가지 끝에 가짜끝눈이 두 개씩 달린다. 깃꼴겹
잎은 작은잎 5~11장으로 구성된다. 작은잎의 잎몸
은 피침형이며, 잎가장자리에 잔 톱니가 있다. 황록
색 꽃이 가지 끝에 원추꽃차례로 달린다. 열매는 꼬
부라진 타원형이고, 붉은색으로 익는다. 어린가지
를 꺾으면 냄새가 난다.

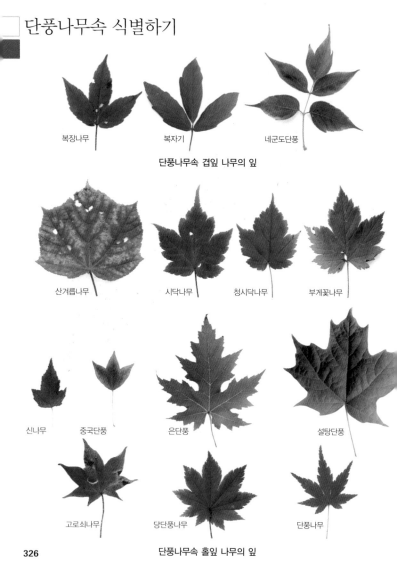

복장나무

복자기

네군도단풍

단풍나무속 겹잎 나무의 잎

산겨릅나무

시닥나무

청시닥나무

부게꽃나무

신나무

중국단풍

은단풍

설탕단풍

고로쇠나무

당단풍나무

단풍나무

단풍나무속 홑잎 나무의 잎

검색표

1. 잎은 겹잎이다.

    2. 잎은 세겹잎이다.

        3. 잎몸과 잎자루는 긴 털이 있고, 잎가장자리에 톱니가 2~4쌍 있다.
            -- 복자기(339쪽)

        3. 잎몸과 잎자루는 짧은 털이 조금 있거나 없고, 잎가장자리에 톱니가 많다.
            -- 복장나무(340쪽)

    2. 잎은 작은잎이 5장인 깃꼴겹잎이나 세겹잎이다. -- 네군도단풍(341쪽)

1. 잎은 홑잎이다.

    4. 잎몸은 3개로 갈라지거나 간혹 갈라지지 않는다.

        5. 잎가장자리에 톱니가 있다. -- 신나무(338쪽)

        5. 잎가장자리가 밋밋하다. -- 중국단풍(337쪽)

    4. 잎몸은 5~11개로 갈라진다.

        6. 잎몸은 두꺼운 조각 5개로 갈라진다.

            7. 잎가장자리에 크고 불규칙한 톱니가 있다.

                8. 잎몸 뒷면이 흰색이고, 잎가장자리에 톱니가 많다. -- 은단풍(334쪽)

                8. 잎몸 뒷면이 녹색이고, 잎가장자리에 톱니가 적다. -- 설탕단풍(335쪽)

            7. 잎가장자리에 작고 비교적 고른 톱니가 있다.

                9. 잎몸이 매우 얕게 갈라진다. -- 산겨릅나무(336쪽)

                9. 잎몸이 중간 부분까지 갈라진다.

                    10. 잎끝이 길지 않고, 뒷면에 털이 많다. -- 부게꽃나무(333쪽)

                    10. 잎끝이 길고, 뒷면에 털이 적거나 없다.

                        11. 잎끝의 끝 부분까지 톱니가 발달한다. -- 시닥나무(332쪽)

                        11. 잎끝의 끝 부분이 밋밋하다. -- 청시닥나무(331쪽)

        6. 잎몸이 가늘고 긴 5~11개 조각으로 갈라진다.

        6. 잎가장자리가 밋밋하다. -- 고로쇠나무(330쪽)

        6. 잎가장자리에 톱니가 있다.

        6. 잎몸이 5~7개로 갈라지고, 뒷면에 털이 거의 없다. -- 단풍나무(328쪽)

        6. 잎몸이 9개 이상으로 갈라지고, 뒷면에 털이 많다. -- 당단풍나무(329쪽)

1 꽃(4월) 2 열매(9월) 3 열매(9월) 4 잎(8월) 5 잎(11월) : 마주나기며, 이는 단풍나무속 나무의 공통점이다.
6 나무껍질(10월) : 매끈하다.

단풍나무과 단풍나무속 | 단풍나무

가지 끝에 가짜끝눈이 두 개씩 달린다. 잎몸은 보통
5~7개로 깊게 갈라지며, 잎가장자리에 겹톱니가 있
다. 암수한그루로 꽃이 산방꽃차례에 달리고, 꽃자
루에 털이 없다. 시과는 씨 부분이 통통하고 털이
없다. 식재하는 것은 대부분 일본의 변종이나 개량
한 품종이다.

갈잎큰키나무

- 🌏 전라도와 제주도의
  숲에 자생, 전국에
  식재
- 🍃 마주나기
- 🍂 홑잎, 손꼴형, 5~7cm
- ❀ 4~5월
- 🍁 10월

1 꽃(5월) 2 겨울눈(12월) 3 열매(8월) 4 잎(5월) 5 잎 뒷면(9월). 6 나무껍질(4월) : 매끈하다.

<table>
<tr><td>

갈잎작은키나무

- 전국에 자생·식재
- 마주나기
- 홑잎, 손꼴형,
  6~10cm
- 4~5월
- 9~10월

</td></tr>
</table>

단풍나무과 단풍나무속 | 당단풍나무

가지 끝에 가짜끝눈이 두 개씩 달린다. 잎몸 뒷면에 전체적으로 털이 있고, 아홉 개 이상으로 깊게 갈라지며, 잎가장자리에 겹톱니가 있다. 꽃은 산방꽃차례에 달리고, 꽃자루에 털이 있다. 시과는 씨 부분이 통통하고 털이 있다. 자생하는 단풍나무속 나무 중 가장 흔하다.

329

1 꽃(4월) 2 꽃(4월) : 꽃잎과 꽃받침잎이 5장씩 있다. 3 열매(6월) 4 잎(5월) 5 어린가지와 겨울눈(11월).
6 나무껍질(9월) : 처음에는 매끈하지만, 차츰 세로로 갈라진다.

단풍나무과 단풍나무속 | **고로쇠나무**

잎몸은 보통 5~7개로 중간까지 갈라지며, 잎가장자리는 밋밋하다. 암수한그루로 황록색 꽃이 가지 끝에 원추꽃차례로 달린다. 시과는 씨 부분이 납작하다. 이른 봄 줄기에서 수액을 채취하여 마신다.

갈잎큰키나무

- 전국의 숲에 자생
- 마주나기
- 홑잎, 손꼴형, 5~9cm
- 4~5월
- 9~10월

1 어린 열매(5월). 2 열매(6월). 3 꽃(5월) 4 잎(6월) 5 **시닥나무**와 잎끝 비교(9월) : 시닥나무는 긴 잎끝에 톱니가 있다. 6 어린가지와 겨울눈(11월). 7 나무껍질(4월) : 매끈하고 녹색이 돈다.

시닥나무   청시닥나무

갈잎작은키나무

- 🗺 백두대간의 숲에 자생
- 🔢 마주나기
- 🍃 홑잎, 손꼴형,
  5~10cm
- ❂ 5~6월
- 🍂 9~10월

단풍나무과 단풍나무속 | **청시닥나무**

어린가지에 털이 있고, 끝눈에 눈자루가 있다. 잎몸은 보통 다섯 개로 중간까지 갈라지고, 잎끝이 길며, 끝 부분이 밋밋하다. 암수딴그루로 꽃은 총상꽃차례에 달린다. 시과는 씨방이 납작하고, 씨 부분에 주름이 있다. 시닥나무와 잎 모양이 비슷하지만, 잎끝의 톱니 유무로 쉽게 식별할 수 있다.

1 꽃(6월) 2 꽃(6월) : 꽃잎과 꽃받침잎이 4~5장씩 있다. 3 열매(8월) 4 잎(6월) 5 겨울눈(11월)
6 나무껍질(9월) : 매끈하다.

단풍나무과 단풍나무속 | **시닥나무**

어린가지는 붉은색으로 털이 없으며, 끝눈은 눈자루가 있다. 잎몸은 보통 다섯 개로 중간까지 갈라지고 잎끝이 길며, 끝 부분까지 톱니가 발달한다. 암수한그루로 꽃은 곧추서는 총상꽃차례에 달린다. 시과는 씨 부분이 통통하고, 주름이 거의 없다.

갈잎큰키나무

- 🚩 백두대간의 숲에 자생
- 🍃 마주나기
- 🍂 홑잎, 손꼴형, 5~10cm
- 🌸 5~6월
- 🍁 9~10월

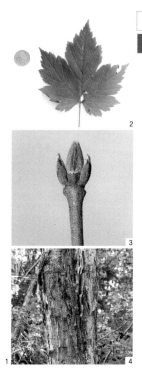

1 열매(9월) : 열매가 맺히면 꽃차례가 처진다. 2 잎(9월) 3 어린가지와 겨울눈(11월) : 털이 많다.
4 나무껍질(9월) : 세로로 갈라지고 벗겨진다.

갈잎큰키나무

- ⬛ 백두대간의 숲에 자생
- ⬛ 마주나기
- ⬛ 홑잎, 손꼴형,
  8~14cm
- ⬛ 5~6월
- ⬛ 9~10월

단풍나무과 단풍나무속 | **부게꽃나무**

잎몸은 보통 5~7개로 중간까지 갈라지고, 뒷면에
맥을 따라 털이 빽빽하며, 잎가장자리에 톱니가 있
다. 암수한그루로 꽃 30~40송이가 곧추서는 총상꽃
차례나 원추꽃차례에 달린다. 시과는 털이 있다. 청
시닥나무와 시닥나무는 꽃이삭에 꽃이 열 송이 이하
로 달리고, 나무껍질이 매끈하다.

1 암꽃(3월) 2 수꽃(3월) 3 열매(5월) 4 어린가지와 겨울눈(2월) 5 잎 뒷면(9월) : 흰색이다. 6 나무껍질(3월)
7 전체 모양(10월).

단풍나무과 단풍나무속 | 은단풍

나무껍질이 세로로 갈라진다. 잎몸은 5~7개로 깊게
갈라지고, 중앙 부분은 다시 3~5개로 얕게 갈라지
며, 뒷면은 흰색이다. 암수한그루로 꽃이 잎보다 먼
저 피고, 가지 끝에 모여 달리며 꽃잎이 없다. 시과
는 씨 부분이 통통하다.

갈잎큰키나무

- 🔲 전국에 식재
- 🔳 마주나기
- 🔳 홑잎, 손꼴형,
  8~16cm
- 🔳 3~4월
- 🔳 5~7월

1 잎(10월) 2 잎(5월) 3 잎 뒷면(5월) : 녹색이다. 4 어린가지와 겨울눈(11월) 5 나무껍질(10월)

갈잎큰키나무

- ⬛ 전국에 식재
- 🍃 마주나기
- 🍂 홑잎, 손꼴형,
     8~16cm
- 🌸 4월
- 🌰 7~8월

단풍나무과 단풍나무속 | **설탕단풍**

매끈한 나무껍질이 나이가 들면 차츰 세로로 갈라진
다. 잎몸은 3~5개로 중간까지 갈라지며, 양면에 털
이 없고, 뒷면은 녹색이다. 암수한그루로 꽃잎이 없
는 황록색 꽃이 짧은 산방꽃차례에 달린다. 시과는
씨 부분이 통통하다.

1 열매(11월) 2 열매(11월) 3 잎(9월) 4 어린가지와 겨울눈(9월). 5 나무껍질(9월) : 매끈하고 녹색이며, 세로줄이 있다.

단풍나무과 단풍나무속 | 산겨릅나무

어린가지는 녹색이며, 끝눈에 눈자루가 있다. 잎몸은 3~5개로 매우 얕게 갈라지며, 양면에 털이 없고, 잎가장자리에 톱니가 있다. 노란 꽃 15~20송이가 처지는 총상꽃차례에 달린다. 시과는 씨 부분이 통통하다.

갈잎큰키나무

- 🌏 백두대간의 숲에 자생
- 🌿 마주나기
- 🍃 홑잎, 손꼴형, 7~16cm
- 🌸 4~5월
- 🍂 9~10월

1 꽃(5월) 2 전체 모양(10월) 3 열매(7월) 4 잎(5월) 5 겨울눈(12월) 6 나무껍질(5월) : 세로로 벗겨진다.

갈잎큰키나무

■ 전국에 식재
■ 마주나기
◪ 홑잎, 손꼴형, 4~8cm
◉ 4~5월
◪ 8~10월

단풍나무과 단풍나무속 | **중국단풍**

잎몸이 세 개로 얕게 갈라져 오리발 모양이며, 앞면에 윤기가 나고, 잎가장자리는 밋밋하다. 암수한그루로 황록색 꽃이 산방꽃차례나 겹산방꽃차례에 달린다. 시과는 좁게 벌어지고 씨 부분이 통통하며, 털이 없다.

1 꽃(5월) 2 꽃(5월) 3 열매(6월) 4 잎(6월) 5 겨울눈(11월) : 작고 둥글다. 6 나무껍질(2월) : 세로로 갈라진다.

단풍나무과 단풍나무속 | **신나무**

갈잎작은키나무

잎몸은 보통 세 개로 얕게 갈라지지만, 다섯 개로 갈라지거나 갈라지지 않는 경우도 있다. 잎가장자리에 치아형 톱니가 있다. 암수한그루로 황록색 꽃이 가지 끝에 겹산방꽃차례로 달린다. 시과는 좁게 벌어지고, 씨 부분이 통통하다.

- ⬛ 전국에 자생
  (주로 계곡, 하천변)
- ⬛ 마주나기
- ⬛ 홑잎, 손꼴형, 4~8cm
- ⬛ 5월
- ⬛ 8~10월

1 꽃(4월) 2 열매(9월) 3 잎(6월) 4 잎(10월): 보통 진한 붉은색으로 단풍이 든다. 5 겨울눈(12월)
6 나무껍질(6월) : 세로로 벗겨진다.

| 갈잎큰키나무 | 단풍나무과 단풍나무속 \| **복자기** |

갈잎큰키나무

- 전국에 자생·식재
- 마주나기
- 세겹잎, 10~16cm
- 4~5월
- 9~10월

단풍나무과 단풍나무속 | 복자기

어린가지 끝에 뾰족한 끝눈과 곁눈이 달려 삼지창
같다. 잎은 세겹잎으로 작은잎의 잎몸은 긴타원형
이다. 잎 뒷면과 잎자루에 긴 털이 있고, 잎가장자
리에 톱니가 2~4쌍 있다. 황록색 꽃이 산방꽃차례
에 달리며, 꽃자루는 털이 많다. 시과는 씨 부분이
통통하고 털이 많다.

1 어린가지와 겨울눈(9월) : 어린가지 끝에 뾰족한 끝눈과 곁눈이 달려 삼지창 같다. 2 잎(9월)
3 복자기와 작은잎 비교(9월). 4 복자기와 잎 뒷면 비교(9월) 5 나무껍질(9월) : 세로로 갈라지지만, 벗겨지지 않는다.

단풍나무과 단풍나무속 | **복장나무**

갈잎큰키나무

- 🏔 백두대간의 숲에 자생
- 🌿 마주나기
- 🍃 세겹잎, 12~18cm
- 🌸 5월
- 🍂 9~10월

잎은 세겹잎이며 잎 뒷면의 주맥에 짧은 털이 있지만 점차 떨어지고, 잎가장자리에 톱니가 많다. 황록색 꽃이 산방꽃차례에 달린다. 시과는 씨 부분이 통통하고 털이 없다. 단풍나무속 나무 중 같은 세겹잎인 복자기와는 나무껍질 모양, 잎의 털 모양, 잎가장자리의 톱니 수로 식별할 수 있다.

1 수꽃(4월) 2 열매(9월) 3 잎(4월) 4 잎(9월) 5 어린가지와 겨울눈(3월) : 어린가지는 녹색이고, 흰 가루로 덮인 것 같다. 6 나무껍질(10월) : 세로로 갈라진다.

| 갈잎큰키나무 | 단풍나무과 단풍나무속 \| **네군도단풍** |

갈잎큰키나무

- 전국에 식재
- 마주나기
- 깃꼴겹잎, 세겹잎, 12~20cm
- 3~4월
- 9월

단풍나무과 단풍나무속 | 네군도단풍

잎은 작은잎이 다섯 장인 깃꼴겹잎이나 세겹잎이다. 작은잎의 잎몸은 달걀형이며, 잎끝이 길고 잎가장자리에 톱니가 있다. 암수딴그루로 황록색 꽃이 잎보다 먼저 핀다. 수꽃은 처지는 산방꽃차례에, 암꽃은 처지는 총상꽃차례에 달린다. 시과는 좁게 벌어지며, 씨 부분이 통통하다.

1 열매(9월) 2 열매와 씨(9월) : 익으면 3개로 갈라지고, 밤 같은 씨가 1개씩 들어 있다. 3 꽃(5월) 4 잎(5월)
5 잎가장자리(5월)

칠엽수과 칠엽수속 | **칠엽수**(말밤나무)

손꼴겹잎은 보통 작은잎 5~7장으로 구성된다. 작은 잎의 잎몸은 거꿀달걀형이며, 잎끝이 뾰족하고 잎 가장자리에 겹톱니가 있다. 흰 바탕에 붉은색 무늬가 있는 꽃이 곧추서는 원추꽃차례에 달린다. 황갈색 둥근 열매는 표면이 매끈하다. 가시칠엽수의 열매는 가시가 많다.

갈잎큰키나무

- 🌿 전국에 식재
- 🍂 마주나기
- 🍃 손꼴겹잎, 30~60cm
- ❄ 5~6월
- 🌰 9~10월

342

6 어린가지와 겨울눈(12월) : 어린가지는 굵고, 큰 겨울눈은 표면에 끈적끈적한 액이 묻어 있다.
7 잎자국(11월) : 크고 거꿀달걀형이다. 8 나무껍질(7월) : 세로로 갈라진다. 9 전체 모양(5월).

343

1 꽃(5월) 2 꽃(5월) 3 열매(8월) 4 잎(5월)

칠엽수과 칠엽수속 | **가시칠엽수**(마로니에, 서양칠엽수)

갈잎큰키나무

🔲 전국에 식재

🔲 마주나기

🔲 손꼴겹잎, 30~60cm

🔲 5~6월

🔲 9~10월

나무껍질이 세로로 갈라지고, 겨울눈은 크고 끈적끈적하다. 손꼴겹잎은 보통 작은잎 5~7장으로 구성되고, 잎가장자리에 겹톱니가 있다. 열매 표면에 가시가 있는 점을 제외하면 칠엽수와 상당히 비슷하며, 칠엽수보다 드물게 식재한다. 아주 드물게 미국칠엽수, 카네아칠엽수(붉은꽃칠엽수)를 심는다.

5 미국칠엽수의 꽃봉오리(5월) : 붉은색 꽃이 핀다.　6 미국칠엽수의 잎(5월) : 잎자루가 붉고, 잎가장자리에 잔 톱니가 있다.　7 카네아칠엽수(붉은꽃칠엽수)의 꽃(5월) : 분홍색 꽃이 핀다.　8 카네아칠엽수의 잎(5월) : 잎몸이 구불거리고, 잎가장자리에 예리한 겹톱니가 있다. 카네아칠엽수는 가시칠엽수와 미국칠엽수의 잡종이다.

1 꽃(6월) 2 열매(8월) 3 열매(8월) : 익으면 3개로 갈라지며, 둥글고 검은 씨가 드러난다.

무환자나무과 모감주나무속 | **모감주나무**

갈잎작은키나무

잎은 보통 작은잎 7~15장으로 구성된 한번깃꼴겹잎이지만, 간혹 작은잎이 다시 갈라져 두번깃꼴겹잎이 되기도 한다. 잎몸 뒷면에 털이 있으며, 잎가장자리에 불규칙하고 둔한 톱니가 있다. 노란 바탕에 붉은 점이 있는 꽃이 곧추서는 원추꽃차례에 달린다. 열매는 꽈리처럼 생겼다.

- 🌏 강원도 이남에 드물게 자생, 전국에 식재
- 🍃 어긋나기
- 🍂 한번~두번깃꼴겹잎, 25~35cm
- 🌸 6~7월
- 🍎 9~10월

346

4 잎(8월) 5 잎(5월) : 간혹 두번깃꼴겹잎이 달린다. 6 겨울눈과 잎자국(12월) : 잎자국이 하트 모양이다.
7 나무껍질(7월) : 처음에는 매끈하지만, 차츰 세로로 갈라진다.

1 꽃봉오리(5월) 2 열매(10월) 3 잎(5월) 4 잎가장자리(8월) 5 겨울눈(11월) : 촉수처럼 생겼다. 6 나무껍질(11월)

나도밤나무과 나도밤나무속 | **나도밤나무**

나무껍질에 껍질눈이 많으며, 겨울눈은 맨눈이다. 잎몸은 긴타원형으로 양면에 털이 있고, 뚜렷한 측맥이 20~28쌍이며, 잎가장자리에 잔 톱니가 있다. 흰 꽃이 원추꽃차례에 달리고, 둥근 열매는 붉은색으로 익는다. 밤나무는 겨울눈이 비늘눈이며, 잎의 측맥은 17~25쌍이다.

갈잎작은키나무

- 🌳 경기도 이남의 숲에 자생
- 🍃 어긋나기
- 🍂 홑잎, 긴타원형, 12~25cm
- 🌼 6~7월
- 🍎 9~11월

1 꽃(6월) 2 잎(6월) 3 잎가장자리(6월) 4 겨울눈(3월) 5 나무껍질(6월)

나도밤나무과 나도밤나무속 | **합다리나무**

갈잎작은키나무

- 🇰 남부 지방의 숲에 자생
- 📐 모여나기(가지 끝),
  어긋나기
- 🍃 깃꼴겹잎, 15~25cm
- 🔆 6월
- 🍒 9~10월

나무껍질이 매끈하며, 겨울눈은 맨눈이고 뭉툭하다. 깃꼴겹잎은 작은잎 9~15장으로 구성된다. 작은 잎의 잎몸은 다소 두껍고 양면에 털이 있으며, 잎가장자리에 예리한 톱니가 있다. 흰 꽃이 원추꽃차례에 달리고, 둥근 열매는 붉은색으로 익는다.

1 열매(9월) 2 잎(6월) 3 열매(10월) : 익으면 차츰 주름이 생긴다. 4 꽃(6월) : 꽃잎과 꽃받침잎이 5장씩 있다.
5 나무껍질(11월)

갈매나무과 대추나무속 | **대추나무**

갈잎작은키나무

🔲 전국에 식재
🔲 어긋나기
🔲 홑잎, 달걀형, 2~6cm
🔲 6~7월
🔲 9~10월

나무껍질이 세로로 갈라지며, 어린가지는 가시가 드문드문 있다. 달걀형 잎몸은 표면에 윤기가 난다. 잎몸의 아랫부분에 주맥에서 갈라진 측맥 두 개가 뚜렷하고, 잎가장자리에 둔한 톱니가 있다. 황록색 꽃이 잎겨드랑이에 2~3송이씩 달린다. 타원형 열매는 붉은색으로 익는다.

1 어린가지와 잎(9월) : 턱잎이 변한 가시가 있다.

갈잎떨기나무

- 제주도 바닷가에 자생
- 어긋나기
- 홑잎, 달걀형, 3~6cm
- 6월
- 9~10월

갈매나무과 갯대추나무속 | **갯대추나무**

달걀형 잎몸은 표면에 윤기가 난다. 잎몸의 아랫부분에 주맥에서 갈라진 측맥 두 개가 뚜렷하고, 잎가장자리에 둔한 톱니가 있다. 황록색 꽃이 잎겨드랑이에 2~3송이씩 달린다. 육질이 없는 열매는 지름이 1.2~2cm고, 가장자리가 세 개로 얕게 갈라진다.

1 꽃(6월) 2 열매(10월) 3 잎(6월) : 뽕나무의 잎과 비슷하다. 4 잎자루(6월) : 꿀샘이 있다.
5 나무껍질(11월) : 세로로 갈라지며 벗겨진다. 6 어린가지와 겨울눈(1월).

갈매나무과 헛개나무속 | 헛개나무

잎몸은 달걀형이고 윤기가 나며, 잎몸의 아랫부분에
주맥에서 갈라진 측맥 두 개가 뚜렷하다. 잎자루에
꿀샘이 있고, 잎가장자리에 치아형 톱니가 있다. 흰
꽃이 취산꽃차례에 달린다. 둥근 열매는 갈색으로
익으며, 열매자루는 울퉁불퉁하다.

갈잎큰키나무

- 전국의 숲에 자생
- 어긋나기
- 홑잎, 달걀형,
  8~15cm
- 6~7월
- 9~10월

1 열매(9월) : 잎겨드랑이에 달리며 곧추선다. 2 잎(9월) 3 나무껍질(9월) 4 전체 모양(9월).

갈잎작은키나무

- 전라도의 숲에 자생
- 어긋나기
- 홑잎, 긴타원형, 6~14cm
- 6~8월
- 9~10월

갈매나무과 까마귀베개속 | **까마귀베개**

암갈색 나무껍질이 매끈하다. 잎몸은 긴타원형이고 잎끝이 길며, 측맥이 뚜렷하다. 뒷면에 털이 있고, 잎가장자리에 톱니가 있다. 암수한그루로 황록색 꽃이 잎겨드랑이에 취산꽃차례로 달린다. 길이 약 1cm의 타원형 열매는 곧추서며 노란색에서 검은색으로 익는다.

1 꽃(6월) 2 꽃(6월) 3 어린 열매(7월). 4 잎(7월) 5 나무껍질(7월) : 세로로 얕게 갈라진다.

갈매나무과 망개나무속 | **망개나무**

잎몸은 긴타원형이고, 잎가장자리는 다소 구불거리며, 밋밋하거나 얕은 파도형 톱니가 발달한다. 측맥 7~10개가 뚜렷하고, 뒷면은 흰빛이 돈다. 황록색 꽃이 취산꽃차례나 총상꽃차례에 달린다. 타원형 열매는 길이 7~8mm고, 노란색에서 붉은색으로 익는다.

갈잎큰키나무

- 🌍 충청북도와 경상북도 숲에 자생
- 🌿 어긋나기
- 🍃 홑잎, 긴타원형, 7~13cm
- 🌸 5~6월
- 🍎 8~9월

354

1 열매(5월) : 타원형 열매는 붉은색에서 검은색으로 익는다. 2 잎(5월) : 주맥을 따라 좌우로 접은 것 같다.
3 나무껍질(5월) 4 전체 모양(5월). 5 먹년출의 잎(5월). 6 먹년출의 나무껍질(5월).

갈잎덩굴나무

- 🇰 전라북도 군산의 숲에 자생
- 🔀 어긋나기
- 🍃 홑잎, 달걀형, 8~13cm
- 🌸 7~8월
- 🍒 이듬해 8~9월

갈매나무과 망개나무속 | **청사조**

검은 녹색 나무껍질이 매끈한데, 점차 세로로 갈라진다. 달걀형 잎몸은 표면에 윤기가 나고, 측맥이 7~8쌍 있으며 가장자리가 밋밋하다. 황록색 꽃이 원추꽃차례나 총상꽃차례에 달린다. 먹년출은 나무껍질이 검은색이고, 안면도의 숲 속에 자생한다. 청사조와 같은 종으로 보기도 한다.

1 꽃(6월) 2 어린 열매(9월) : 둥근 열매가 검은색으로 익는다. 3 새순(4월) 4 잎(10월) : 뚜렷한 측맥 4~6쌍이 잎끝을 향한다. 5 어린가지와 겨울눈(11월). 6 짧은가지(4월)

갈매나무과 갈매나무속 | **참갈매나무**

나무껍질이 벗겨지며, 어린가지는 짧은가지가 발달하고, 가지 끝이 가시로 변한다. 잎은 조금씩 어긋나게 마주나며, 잎몸은 긴타원형이고 잎가장자리에 잔 톱니가 있다. 암수딴그루로 황록색 꽃이 모여 달린다. 갈매나무는 강원도를 포함한 백두대간에 자생하고, 가지 끝에 가시가 없다.

1 꽃(5월) 2 어린 열매(6월). 3 잎(6월) 4 어린가지(10월) 5 나무껍질(6월)

| 갈잎떨기나무 | 갈매나무과 갈매나무속 ❘ **짝자래나무** |

<table>
<tr><td>

갈잎떨기나무

🗺 백두대간의 숲에 자생

🍃 모여나기(짧은가지),
  어긋나기(긴가지)

🍂 홀잎, 거꿀달걀형,
  3~7cm

🌸 5월

🍒 9~10월
</td><td>

나무껍질이 벗겨지며, 어린가지는 짧은가지가 발달
하고, 가지 끝이 보통 가시로 변한다. 잎몸은 거꿀
달걀형이고 측맥이 잎끝을 향해 발달하며, 잎가장
자리에 둔한 톱니가 있다. 암수딴그루로 황록색 꽃
이 잎겨드랑이에 모여 달린다. 둥근 열매는 검은색
으로 익는다.
</td></tr>
</table>

1 어린 열매(8월) : 둥근 열매가 검은색으로 익는다. 2 꽃(5월) 3 잎(6월) : 잎몸은 3~5개로 얕게 갈라지고, 잎아래는 심장형이다.

포도과 포도속 | 왕머루

잎 뒷면은 털이 거의 없고, 흰빛이 도는 녹색이다. 잎 가장자리에 잔 톱니가 있다. 황록색 꽃이 잎과 마주 나는 원추꽃차례에 달리고, 보통 총꽃자루 밑 부분에 덩굴손이 발달한다. 머루는 울릉도에 자생하며, 잎 뒷면이 짙은 황색이고 털이 많다. 포도는 경기도 이 남에서 재배하며, 잎 뒷면이 희고 솜털이 많다.

갈잎덩굴나무

🔲 전국의 숲에 자생
🔲 어긋나기
🔲 홑잎, 손꼴형,
　　8~20cm
🔲 5~7월
🔲 9~10월

358

4 덩굴손(6월) 5 나무껍질(6월) : 세로로 벗겨진다. 6 **포도**의 열매(6월) : 식용하며 여러 개량 품종이 있다.
7 **포도**의 잎 뒷면(6월).

1 열매(9월) : 둥근 열매가 검은색으로 익는다. 2 잎(6월) 3 까마귀머루의 전체 모양(6월).
4 까마귀머루의 꽃봉오리(6월).

포도과 포도속 | 새머루

나무껍질이 세로로 벗겨진다. 잎은 덩굴손과 마주
나며, 잎몸은 보통 갈라지지 않으나 간혹 3~5개로
얕게 갈라지기도 한다. 뒷면의 맥 주위에 잔털이 있
거나 거의 없다. 황록색 꽃이 잎과 마주나는 원추꽃
차례에 달린다. 까마귀머루는 잎몸이 3~5개로 깊게
갈라지고, 뒷면에 흰 털이 빽빽하다.

갈잎덩굴나무

- 🌏 남부 지방의 숲에 자생
- 🍃 어긋나기
- 🍂 홑잎, 손꼴형,
  5~10cm
- ❀ 5~6월
- 🍒 9~10월

360

1 열매(9월) 2 열매(9월) : 둥근 열매는 남색으로 익고, 표면에 반점이 있다. 3 꽃(8월) 4 잎(6월) : 잎가장자리에 잔 톱니가 있다. 5 어린가지(6월) 6 전체 모양(8월).

갈잎덩굴나무

- 🇰🇷 전국에 자생
- 📷 어긋나기
- 🍃 홑잎, 손꼴형, 5~12cm
- 🌸 6~8월
- 🍂 9~10월

포도과 개머루속 | 개머루

어린가지는 잔털이 있으며, 골속은 흰색이다. 잎은 덩굴손과 마주나고, 잎몸은 3~5개로 얕게 혹은 중간까지 갈라진다. 잎아래는 심장형이고, 뒷면에 털이 있다. 황록색 꽃이 잎과 마주나는 산방꽃차례 가까운 취산꽃차례에 달린다. 잎 모양이 비슷한 포도속 나무는 골속이 갈색이다.

1 열매(10월) 2 꽃(7월) : 황록색이며 취산꽃차례에 달린다. 3 잎(9월) : 잎가장자리에 큰 치아형 톱니가 있다.
4 잎(9월) : 세겹잎이 되기도 한다. 5 새순(5월) : 붉은색이다. 6 덩굴손(7월)

포도과 담쟁이덩굴속 | **담쟁이덩굴**

갈잎덩굴나무

🟥 전국에 자생 · 식재

🟩 어긋나기

🟦 홑잎(달걀형), 세겹잎,
5~8cm

🟧 5~7월

🟩 9~10월

잎과 마주나는 덩굴손은 갈라지고, 끝에 빨판 같은 뿌리가 생겨 다른 나무나 벽에 붙는다. 잎몸은 달걀형으로 세 개로 얕게 갈라지고, 간혹 깊게 갈라져 세겹잎이 된다. 둥근 열매는 검은색으로 익으며, 표면이 흰 가루로 덮인다. 미국담쟁이덩굴은 전국에 식재하며 손꼴겹잎이다.

7 전체 모양(7월). 8 나무껍질(11월) 9 미국담쟁이덩굴의 꽃봉오리(6월). 10 미국담쟁이덩굴의 잎(6월) : 작은잎
5장으로 구성된 손꼴겹잎이다.

1 꽃(8월) 2 어린 열매(8월). 3 잎(6월)

담팔수과 담팔수속 | 담팔수

나무껍질이 매끈하다. 거꿀피침형 잎몸은 두껍고 표면에 윤기가 나며, 잎가장자리에 둔한 톱니가 있다. 새가지 끝에서 잎이 모여나고, 그 아래 지난해 가지의 잎겨드랑이에 흰 꽃이 모인 총상꽃차례가 여러 개 달린다. 길이가 약 2cm인 타원형 열매는 자주색으로 익는다.

늘푸른큰키나무

- 🇰 제주도에 자생·식재
- 🍃 모여나기(가지 끝), 어긋나기
- 🍂 홑잎, 거꿀피침형, 5~12cm
- 📷 7~8월
- 🍁 11월

1 꽃(8월) 2 열매(10월) 3 잎(10월) 4 어린가지와 겨울눈(1월) : 어린가지에 털이 많고, 겨울눈이 독특하게 생겼다.
5 전체 모양(8월).

갈잎떨기나무

- 🔲 경기도 이남의
  바닷가에 자생
- 🔲 어긋나기
- 🔲 홑잎, 달걀형,
  4~12cm
- 🔲 6~8월
- 🔲 9~10월

피나무과 장구밥나무속 | **장구밥나무**

달걀형 잎몸 아랫부분에 주맥에서 갈라진 측맥 두 개가 뚜렷하고, 뒷면과 잎자루에 털이 있다. 잎가장자리에 불규칙한 톱니가 있다. 흰 꽃이 5~8송이씩 모여 달리고, 꽃밥은 노란색이다. 공 두 개가 합쳐진 것처럼 생긴 열매가 노란색이나 주황색으로 익는다.

1 꽃(7월) 2 어린 열매(8월). 3 잎(8월) 4 잎 뒷면(8월). 5 어린가지와 겨울눈(12월) : 털이 없다.
6 나무껍질(8월) : 세로로 갈라진다. 7 전체 모양(8월).

피나무과 피나무속 | **피나무**

갈잎큰키나무

- 🅵 전국의 숲에 자생
- 🆆 어긋나기
- 🅹 홑잎, 달걀형, 3~9cm
- ⚙ 5~7월
- ✂ 8~9월

달걀형 잎몸은 잎끝이 길고, 잎아래는 심장형이다. 뒷면 맥 겨드랑이에 갈색 털이 있다. 연한 노란색 꽃이 3~20송이씩 모여 달리고, 총꽃자루 밑에 긴 포조각(꽃가루에 있는 잎 같은 조직)이 달리는데, 이는 피나무속 나무의 공통점이다. 둥근 열매는 표면에 털이 빽빽하다.

366

포조각

1 어린 열매(7월). 2 꽃(6월) 3 잎(6월) 4 잎 뒷면(5월). 5 어린가지와 겨울눈(10월) : 갈색 털이 빽빽하다.
6 나무껍질(6월) : 처음에는 매끈하지만, 차츰 세로로 갈라진다.

갈잎큰키나무

- 🌏 전국의 숲에 자생
- 🍃 어긋나기
- 🍂 홑잎, 달걀형,
  8~18cm
- 🌸 5~7월
- 🍎 9~10월

피나무과 피나무속 | **찰피나무**

원형에 가까운 달걀형 잎몸은 잎끝이 길고, 뒷면 전
체에 흰 털이 빽빽하다. 연한 노란색 꽃이 7~20송
이씩 달리고, 총꽃자루 밑에 긴 포조각이 달린다.
둥근 열매는 표면에 털이 빽빽하다. 피나무와는 잎
뒷면과 어린가지의 털로 식별할 수 있다.

1 꽃(8월) 2 열매(8월) 3 잎(11월) 4 어린잎(11월) 5 나무껍질(8월)

아욱과 무궁화속 | 황근

잎몸은 납작한 원형이고, 잎끝이 뾰족하다. 잎아래는 심장형이고 뒷면에 흰 털이 빽빽하며, 잎가장자리에 둔한 톱니가 있다. 가운데가 붉은 노란색 꽃은 지름이 약 5cm며, 꽃자루에 털이 있다. 달걀형 열매는 표면에 누런색 털이 빽빽하다.

갈잎떨기나무

- 제주도에 자생
- 어긋나기
- 홑잎, 원형, 3~6cm
- 6~8월
- 10~11월

1 흰색 꽃(8월). 2 꽃봉오리(8월). 3 잎(6월). 4 어린 열매(8월). 5 열매(12월) : 익으면 다섯 개로 갈라지고,
그 안에 털이 달린 씨가 많다. 6 어린가지와 겨울눈(12월).

갈잎떨기나무

- ⬛ 전국에 식재
- 🔷 어긋나기
- ▰ 홑잎, 달걀형, 3~6cm
- ⏹ 8~9월
- ✅ 10월

달걀형 잎몸이 세 개로 갈라지며, 아랫부분은 주맥
에서 갈라진 측맥 두 개가 뚜렷하다. 꽃은 보통 가운
데가 짙은 분홍색이지만 여러 원예 품종이 있고, 한
송이씩 달린다. 달걀형 열매는 표면에 누런색 털이
빽빽하다.

1 열매(9월) 2 어린가지와 겨울눈(11월) : 어린가지는 녹색이고, 겨울눈은 맨눈이다. 3 나무껍질(5월)
4 열매조각(1월) : 씨가 붙어 있다. 5 잎(9월) : 잎자루가 길고, 가지 끝에 모여 달린다. 6 전체 모양(9월).

벽오동과 벽오동속 | **벽오동**

녹색 나무껍질이 매끈한데, 오래 되면 점차 녹색을 잃는다. 잎몸은 3~5개로 갈라지고, 아랫부분에 주맥에서 갈라진 측맥 네 개가 뚜렷하다. 잎아래는 심장형이고 잎가장자리가 밋밋하다. 황록색 꽃이 원추꽃차례에 달린다. 열매는 익으면 4~5개로 벌어진다.

갈잎큰키나무

- 🗺 경기도 이남에 식재
- 🌿 모여나기(가지 끝), 어긋나기
- 🍃 홑잎, 손가락형, 15~30cm
- 📷 6~7월
- 🍂 10월

1 어린 열매(6월): 익으면 따서 홍시처럼 상온에 며칠 보관했다가 먹으면 맛있다. 2 새순(4월)
3 수꽃(6월) : 꽃밥이 검은색이다. 4 잎(7월) 5 골속(5월) : 막으로 나누어진다. 6 나무껍질(11월) : 세로로 벗겨진다.

| 갈잎덩굴나무 | 다래과 다래속 \| **다래** |

골속은 막으로 나누어진다. 잎몸이 다소 두껍고 표면에 윤기가 나며, 잎가장자리에 잔 톱니가 있다. 암수딴그루로 흰 꽃 3~10송이가 잎겨드랑이에 달린다. 둥글넓적한 열매가 황록색으로 익고 맛있다. 다래속 나무는 잎의 질감, 골속과 열매의 모양으로 식별할 수 있다.

1 수꽃(7월) : 꽃밥이 노란색이다. 2 암꽃(7월) 3 열매(7월) 4 잎(10월) 5 잎(6월) : 꽃이 필 동안 잎몸의 일부가 흰색이나 붉은색으로 변한다. 6 골속(10월) 7 어린가지와 겨울눈(12월) : 둥근 잎자국 주위는 불룩하며, 그 안에 묻힌눈이 있다. 이는 다래속 나무의 공통점이다.

잎자국
묻힌눈

다래과 다래속 | **쥐다래**

나무껍질이 세로로 벗겨지고, 골속은 막으로 나누어진다. 달걀형 잎몸은 얇고 윤기가 없다. 잎끝이 길며, 잎아래가 둥글거나 심장형이다. 흰 꽃 1~3송이가 잎겨드랑이에 달린다. 타원형 열매는 꽃받침잎이 일찍 떨어지고, 노랗게 익으면 맛있다.

갈잎덩굴나무

- 🇫 백두대간의 숲에 자생
- 🔁 어긋나기
- 🍃 홑잎, 달걀형, 6~12cm
- ⚙ 5~7월
- 🍂 9월

1 열매(9월) 2 열매(9월) 3 꽃봉오리(6월) 4 잎(10월) 5 잎(6월) : 꽃이 필 동안 잎몸의 일부가 흰색으로 변한다.
6 골속(10월)

갈잎덩굴나무

- 전국의 숲에 자생
- 어긋나기
- 홑잎, 달걀형,
  6~14cm
- 5~7월
- 9~10월

다래과 다래속 | **개다래**

나무껍질이 세로로 벗겨지고, 골속은 흰색으로 차
있다. 달걀형 잎몸은 얇고 윤기가 없으며, 잎끝이
길다. 암수딴그루로 흰 꽃 1~3송이가 잎겨드랑이에
달린다. 끝이 뾰족한 타원형 열매는 꽃받침잎이 오
랫동안 남아 있고, 노랗게 익지만 맛이 없다.

1 열매(6월) 2 수꽃(6월) 3 잎(5월) 4 어린가지와 겨울눈(11월) : 억센 털이 빽빽하다.
5 골속(7월) : 막으로 나누어진다.

다래과 다래속 | 양다래

나무껍질이 세로로 벗겨지고, 겨울눈은 묻힌눈이다. 잎몸은 두껍고 넓은 원형이며, 잎끝이 오목하고 잎아래는 심장형이다. 잎 뒷면에 털이 빽빽하고, 잎 가장자리에 바늘형 톱니가 있다. 암수딴그루로 흰 꽃이 잎겨드랑이에 달린다. 타원형 열매는 표면에 갈색 털이 빽빽하고 맛있다.

갈잎덩굴나무

- 🌱 남부 지방에 식재
- 🍃 어긋나기
- 🍂 홑잎, 원형, 6~12cm
- 🌸 6~7월
- 🍎 8~10월

1 꽃(6월) 2 지난해 열매(7월) 3 잎(6월) 4 잎 뒷면(6월) 5 어린가지와 겨울눈(4월) : 겨울눈은 납작하고 뾰족하다.
6 나무껍질(4월) : 비늘조각처럼 벗겨져 얼룩무늬가 생긴다.

갈잎큰키나무	차나무과 노각나무속 | **노각나무**
🏠 소백산 이남의 숲에 자생, 전국에 식재 (주로 남부 지방) 🍃 어긋나기 🍂 홑잎, 타원형, 4~10cm ❀ 6~8월 🍎 9~10월	잎몸은 타원형이고, 잎가장자리에 잔 톱니가 있다. 뒷면에 털이 있고, 잎맥은 논바닥 갈라진 모양과 비슷하다. 지름이 5~8cm인 흰 꽃은 꽃잎 가장자리에 주름이 지며, 한 송이씩 핀다. 열매는 다섯 개 방으로 나뉘고, 표면에 털이 있다. 지리산 남쪽의 낮은 곳에 큰 나무들이 모여 자란다.

1 열매(10월) 2 열매(10월) 3 잎(10월) 4 잎 뒷면(6월). 5 어린잎(6월). 6 나무껍질(6월) : 매끈하다.

차나무과 후피향나무속 | **후피향나무**

어린잎은 붉은색이며, 거꿀피침형 잎몸은 두껍고 표면에 윤기가 난다. 뒷면은 측맥이 뚜렷하지 않다. 잎가장자리가 밋밋하고, 잎자루는 붉은색이다. 연한 노란색 꽃이 잎겨드랑이에 아래를 향하여 핀다. 둥근 열매는 붉은색으로 익는다.

늘푸른큰키나무

- 🄳 제주도에 자생 · 식재
- 🄽 모여나기(가지 끝), 어긋나기
- 🄹 홑잎, 거꿀피침형, 3~7cm
- 🄵 7월
- 🄺 10월

1 꽃(11월) 2 어린 열매(6월). 3 열매(10월) 4 씨(10월) 5 잎(3월) 6 전체 모양(5월) : 남부 지방에서 재배하고,
잎으로 차를 우려낸다.

늘푸른떨기나무	차나무과 차나무속 | **차나무**

- 🅵 남부 지방에 식재
- 🅽 어긋나기
- 🅹 홑잎, 긴타원형,
  4~11cm
- 🅲 8~11월
- 🅼 이듬해 8~11월

나무껍질이 매끈하고, 어린가지에 잔털이 있지만
차츰 떨어진다. 잎몸은 두껍고 긴타원형이다. 어린
잎은 털이 있으나 점차 떨어지고, 잎가장자리에 둔
한 톱니가 있다. 지름 3~5cm인 흰 꽃이 잎겨드랑이
나 가지 끝에 1~3송이씩 달린다. 둥글고 모가 진 열
매는 익으면 벌어진다.

377

1 꽃(3월) : 수술은 여러 개가 원통 모양으로 모여 달리며, 꽃밥은 노란색이다. 2 열매(8월) 3 열매(9월) : 익으면 3개로 벌어지고, 암갈색 씨가 드러난다. 4 잎(9월) 5 잎 뒷면(9월).

차나무과 차나무속 | **동백나무**

늘푸른작은키나무

잎몸은 두껍고 타원형이며, 양면에 털이 없고 잎가 장자리에 파도형 톱니가 있다. 크고 붉은 꽃이 한 송이씩 달린다. 둥근 열매는 표면에 털이 없다. 흰 꽃이 피는 것을 흰동백나무라 한다. 애기동백나무 는 어린가지와 열매에 털이 있고, 꽃이 늦가을부터 초겨울에 핀다.

- 🏠 남부 지방에 자생 · 식재
- 🌿 어긋나기
- 🍃 홑잎, 타원형, 5~10cm
- 📷 12~3월
- 🍒 이듬해 9~10월

6 어린가지와 겨울눈(9월) : 털이 없고, 겨울눈은 크고 둥근 꽃눈과 작고 뾰족한 잎눈이 따로 달린다.
7 나무껍질(3월) : 매끈하다. 8 **흰동백나무**의 꽃(1월). 9 **흰동백나무**의 암술과 수술(1월).

1 열매(6월) : 표면에 털이 빽빽하다. 2 원예 품종의 꽃(11월). 3 잎(6월) 4 어린가지(6월)

차나무과 차나무속 | 애기동백나무

나무껍질이 매끈하며, 어린가지에 털이 있지만 1년
쯤 지나면 떨어진다. 잎몸은 두껍고 타원형이며, 잎
뒷면에 털이 있고, 잎가장자리에 파도형 톱니가 있
다. 꽃은 크고 보통 붉은색이지만, 원예 품종이 많
다. 둥근 열매는 표면에 털이 빽빽하며, 익으면 세
개로 벌어진다.

늘푸른작은키나무

- 🗺 남부 지방에 식재
- 🍃 어긋나기
- 🌿 홑잎, 타원형, 3~7cm
- 🌸 10~11월
- 🍒 이듬해 10월

380

1 잎(10월) 2 잎 뒷면(10월). 3 겨울눈(11월) 4 열매(10월)

늘푸른작은키나무

- 🇫 전라남도 바닷가와
  제주도에 자생
- 📖 어긋나기
- 🍃 홑잎, 긴타원형,
  5~8cm
- ❀ 6~7월
- 🍒 10월

차나무과 비쭈기나무속 | **비쭈기나무**

나무껍질이 매끈하며, 어린가지는 녹색이다. 겨울눈은 뾰족하며 한쪽으로 휜다. 잎몸은 두껍고 긴타원형이며, 양면에 털이 없다. 잎 뒷면은 측맥이 뚜렷하지 않고, 잎가장자리가 밋밋하다. 흰 꽃이 어린가지에 1~3송이씩 달리고, 차츰 노랗게 변한다. 지름이 약 1cm인 둥근 열매는 검은색으로 익는다.

381

1 열매(9월) 2 열매(11월) 3 꽃(4월) 4 꽃봉오리(3월) 5 잎(6월)

차나무과 사스레피나무속 | **사스레피나무**

나무껍질이 매끈하며, 어린가지는 털이 없거나 조
금 있다. 잎몸은 두껍고 긴타원형이며, 잎끝이 조금
길다. 측맥이 뚜렷하고, 잎가장자리에 둔한 톱니가
있다. 암수딴그루로 흰 꽃이 1~2송이씩 아래를 향
하여 핀다. 둥근 열매는 검은색으로 익는다.

늘푸른떨기나무

- 🏵 남부 지방과 울릉도의
  숲에 자생
- 🍃 어긋나기
- 🌿 홑잎, 긴타원형,
  3~8cm
- 🌼 4월
- 🍒 8~10월

1 열매(10월) : 둥근 열매는 검은색으로 익는다. 2 잎(12월). 3 잎 뒷면(12월). 4 꽃봉오리(10월). 5 전체 모양(12월).

늘푸른떨기나무

🏠 남부 지방의 바닷가에
자생

🍃 어긋나기

🍂 홑잎, 거꿀피침형,
2~5cm

🌸 11월

🔴 이듬해 8~11월

어린가지는 누런색 털이 있다. 잎몸은 두껍고 거꿀
피침형이며, 잎끝이 길지 않다. 측맥이 뚜렷하지 않
고 잎가장자리는 젖혀지며, 둔한 톱니가 있다. 흰
꽃이 1~3송이씩 아래를 향하여 핀다. 사스레피나무
는 비교적 잎이 크고, 잎끝이 다소 길며, 잎가장자
리가 젖혀지지 않는다.

383

1 꽃(7월) 2 꽃(7월) 3 열매(8월) 4 잎(6월) : 잎겨드랑이에 크기가 작은 잎이 2장씩 달리기도 한다.
5 전체 모양(8월).

물레나물과 물레나물속 | **갈퀴망종화**

가지는 많이 갈라지며, 어린가지에 능선 두 줄이 있다. 거꿀피침형 잎몸은 밑 부분이 좁아져서 짧은 잎자루처럼 되고, 잎가장자리가 밋밋하다. 노란 꽃은 수술이 암술보다 훨씬 길다. 달걀형 열매는 방 세 개로 나뉜다. 망종화는 잎몸이 달걀형이고, 수술과 암술의 길이가 비슷하다.

갈잎떨기나무

- 전국에 식재
- 마주나기
- 홑잎, 거꿀피침형, 2~6cm
- 7~8월
- 9~10월

384

1 꽃(7월) 2 꽃(7월) 3 지난해 열매(11월). 4 잎(10월)

<table>
<tr><td colspan="2">

갈잎떨기나무

</td></tr>
</table>

🌿 전국에 식재
🌿 마주나기
🍃 홑잎, 달걀형, 3~6cm
☀ 6~7월
🍂 9~10월

물레나물과 물레나물속 | **망종화**

가지가 많이 갈라진다. 달걀형 잎몸은 잎끝이 둥글다. 뒷면은 흰빛이 돌고, 잎가장자리가 밋밋하다. 노란 꽃은 수술과 암술의 길이가 비슷하다. 달걀형 열매는 방 세 개로 나뉜다.

1 꽃(6월) 2 잎(4월) 3 나무껍질(4월) : 세로로 갈라진다. 4 전체 모양(4월).

위성류과 위성류속 | **위성류**

가지가 다소 처진다. 잎은 측백나무과 나무와 비슷
하며, 비늘조각처럼 가지 전체를 덮는다. 연한 분홍
색 꽃이 총상꽃차례에 달린다. 봄에는 오래 된 가지
에서, 여름에는 새가지에서 1년에 두 번 꽃이 핀다.
봄에 피는 꽃은 열매를 맺지 않는다.

갈잎작은키나무

- 🔲 전국에 식재
- 🔲 겹쳐나기
- 🔲 비늘형, 1~2mm
- 🔲 5~7월
  (1년에 2번 개화)
- 🔲 10월

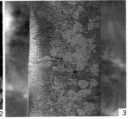

1 꽃(6월) 2 잎(5월) 3 나무껍질(6월) 4 전체 모양(6월).

갈잎큰키나무

- 🇫 전라도의 숲에 자생
- 🇳 모여나기(가지 끝),
  어긋나기
- 🇯 홑잎, 원형, 10~25cm
- 🇨 5~6월
- 🇲 10~11월

이나무과 이나무속 | **이나무**

회백색 나무껍질에 껍질눈이 많다. 잎몸은 하트 모양에 가까운 원형으로 잎끝이 뾰족하고, 잎아래는 심장형이며 꿀샘이 있다. 잎자루는 다소 길고 붉은색이다. 암수딴그루로 황록색 꽃이 원추꽃차례에 달린다. 둥근 열매는 붉은색으로 익는다.

1 꽃(5월) 2 꽃(5월) 3 나무껍질(5월) 4 전체 모양(5월).

팥꽃나무과 팥꽃나무속 | **팥꽃나무**

나무껍질이 매끈하며, 어린가지에 털이 빽빽하다. 피침형 잎몸은 뒷면에 털이 있고, 잎가장자리가 밋밋하다. 잎보다 먼저 피는 꽃은 연한 보라색으로 겉에 털이 있고, 3~7송이씩 산형꽃차례에 달린다. 둥근 열매는 흰색으로 익고, 투명해 보인다.

갈잎떨기나무

- 🗺 서해안에 자생
- 🌿 마주나기
- 🍃 홑잎, 피침형, 2~6cm
- 🌸 3~5월
- 🍎 7월

388

1 꽃(3월) 2 나무껍질(3월)

| 갈잎떨기나무 | 팥꽃나무과 팥꽃나무속 \| **두메닥나무** |

- 🄕 강원도 이북의 숲에
  자생
- 🄝 어긋나기
- 🄙 홑잎, 거꿀피침형,
  4~9cm
- 🄒 3~5월
- 🄩 8~10월

회갈색 나무껍질이 매끈하며, 어린가지에 털이 없
다. 잎몸은 거꿀피침형으로 잎가장자리가 밋밋하
다. 암수딴그루로 노란빛이 도는 흰 꽃 2~5송이가
지난해 가지의 잎겨드랑이에 모여 달린다. 타원형
이나 둥근 열매가 붉은색으로 익는다.

1 꽃(3월) 2 꽃(4월) : 향기가 진하다. 3 꽃봉오리(4월) 4 나무껍질(4월) : 매끈하고 윤기가 난다. 5 백서향(3월)

팥꽃나무과 팥꽃나무속 | 서향

긴타원형 잎몸은 두껍고, 잎가장자리가 밋밋하다. 꽃은 흰색이나 연한 분홍색이고, 꽃받침잎 바깥쪽에 털이 없으며, 12~20송이가 지난해 가지 끝에 모여 달린다. 타원형 열매는 붉은색으로 익는다. 남부 지방에 자생·식재하는 백서향은 흰 꽃이 피며, 꽃받침잎 바깥쪽에 털이 많다.

늘푸른떨기나무

- 🏵 남부 지방에 식재
- 🌿 모여나기(가지 끝), 어긋나기
- 🍃 홑잎, 긴타원형, 4~9cm
- ❀ 3~4월
- 🍒 7~8월

1 꽃(3월) 2 어린가지(11월) : 보통 3개로 갈라진다. 3 어린가지와 겨울눈(1월) : 털이 많다. 4 잎(11월)
5 나무껍질(12월) 6 전체 모양(3월).

| 갈잎떨기나무 | 팥꽃나무과 삼지닥나무속 | **삼지닥나무** |

갈잎떨기나무

- ❏ 남부 지방에 식재
- ❏ 모여나기(가지 끝), 어긋나기
- ❏ 홑잎, 거꿀피침형, 8~15cm
- ❏ 3~4월
- ❏ 6월

나무 이름처럼 가지가 보통 세 개로 갈라지며, 어린 가지에 털이 있다. 잎몸은 거꿀피침형으로 양면에 털이 있고, 뒷면이 흰색이며, 잎가장자리가 밋밋하다. 노란 꽃이 잎보다 먼저 피고, 30~50송이가 아래를 향하여 둥글게 모여 핀다.

1 열매(9월) 2 꽃(5월) 3 잎(9월) : 긴타원형이고 잎가장자리가 밋밋하다. 4 잎 뒷면(9월) : 은색이다.
5 어린가지(5월) : 간혹 가시가 있다. 6 나무껍질(6월) : 매끈하다.

보리수나무과 보리수나무속 | **보리수나무**

어린가지와 잎 뒷면, 열매에 반짝이는 털이 있으며,
이는 보리수나무속 나무의 공통점이다. 흰색에서
연한 노란색으로 변하는 꽃은 새가지의 잎겨드랑이
에 1~7송이가 모여 핀다. 둥근 열매는 지름이
6~8mm며, 붉은색으로 익는다. 뜰보리수는 전국에
식재하며, 타원형 열매는 길이가 1cm 이상이다.

갈잎떨기나무

- ▣ 전국에 자생 · 식재
- ▣ 어긋나기
- ▣ 홑잎, 긴타원형,
  3~8cm
- ▣ 5~6월
- ▣ 7~9월

1 열매(6월) 2 열매(6월) 3 꽃(5월) 4 잎(5월) 5 잎 뒷면(5월) : 반짝이는 은색 털이 빽빽하다. 6 나무껍질(12월)

갈잎떨기나무

- 🇰 전국에 식재
- 🔀 어긋나기
- 🍃 홑잎, 긴타원형, 3~10cm
- ☀ 4~5월
- 🌾 6~7월

어린가지에 반짝이는 갈색 털이 있다. 긴타원형 잎몸은 뒷면이 은색이며, 잎가장자리는 밋밋하다. 연한 노란색 꽃이 잎겨드랑이에 1~3송이씩 아래를 향해 핀다. 타원형 열매는 붉은색으로 익는다.

1 열매(3월). 2 어린 열매(11월). 3 나무껍질(12월). 4 전체 모양(12월). 5 보리장나무와 잎 비교.
6 보리장나무와 잎 뒷면 비교.

보리수나무과 보리수나무속 | **보리밥나무**

넓은 달걀형 잎몸은 너비가 보통 3.5cm 이상이다. 뒷면은 은색이며, 가장자리는 밋밋하거나 뚜렷하지 않은 톱니가 있다. 연한 노란색 꽃이 잎겨드랑이에서 아래를 향해 피며, 갈색 반점이 있다. 타원형 열매는 붉은색으로 익는다. 보리장나무는 잎몸 뒷면이 갈색이며, 너비는 보통 3.5cm 미만이다.

늘푸른덩굴나무

- 경기도 이남에 자생
- 어긋나기
- 홑잎, 달걀형, 5~10cm
- 8~10월
- 이듬해 2~3월

1 꽃(8월) 2 꽃(8월) 3 열매(10월) 4 씨(11월) 5 잎과 어린가지(9월) : 어린가지에 능선이 있다. 6 나무껍질(4월)

갈잎떨기나무

🔲 강원도 이남에 식재
🔲 마주나기,
　　간혹 어긋나기
🔲 홑잎, 타원형, 3~7cm
🔲 8~9월
🔲 10월

부처꽃과 배롱나무속 | **배롱나무(백일홍나무)**

매끈한 나무껍질은 비늘조각처럼 벗겨져서 얼룩무
늬가 생기며, 다소 건조해 보인다. 타원형 잎몸은
두껍고 윤기가 있으며, 잎가장자리는 밋밋하고 잎
자루는 극히 짧다. 짙은 분홍색 꽃이 가지 끝에 원
추꽃차례로 달린다. 타원형 열매는 6~8개 방으로
나뉜다. 흰배롱나무는 흰 꽃이 피는 것이 다르다.

1 열매(10월) 2 꽃(6월) 3 꽃(6월) 4 잎(8월) 5 어린가지와 겨울눈(1월) : 어린가지는 네모지고 털이 없으며, 가지 끝이 보통 가시로 변한다.

석류나무과 석류나무속 | 석류나무

긴타원형 잎몸은 잎가장자리가 밋밋하다. 붉은색 꽃은 꽃받기 부분이 통처럼 부풀며, 한 송이씩 핀다. 둥근 열매는 꽃받침잎이 남아 있고, 노란색이나 붉은색으로 익는다. 꽃석류는 겹꽃이 피며, 그 외에 다양한 원예 품종이 있다.

갈잎작은키나무

- 🅳 강원도 이남에 식재 (주로 남부 지방)
- 🅜 마주나기
- 🅛 홑잎, 긴타원형, 2~8cm
- 🅕 5~7월
- 🅕 9~10월

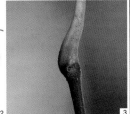
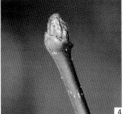

1 꽃(6월) 2 잎(8월) 3 어린가지와 잎자루(11월) : 잎자루 밑 부분이 불룩하고, 그 안에 잎자루안겨울눈이 있다.
4 겨울눈(11월)

갈잎떨기나무

- 🌏 전국의 숲에 자생
- 🍃 어긋나기
- 🍂 홑잎, 손꼴형,
  7~20cm
- 🌸 5~6월
- 🍎 8~9월

박쥐나무과 박쥐나무속 | **박쥐나무**

잎몸은 세 개나 간혹 다섯 개로 얕게 갈라지고, 잎 아래는 심장형이며, 잎끝이 뾰족하다. 흰 꽃 1~7송 이가 아래를 향해 모여 피고, 꽃잎은 뒤로 말린다. 타원형 열매는 남색으로 익는다. 단풍박쥐나무는 잎몸이 보통 다섯 개로 깊게 갈라진다.

1 열매(5월) 2 어린 열매(1월). 꽃봉오리(10월) 3 꽃봉오리(10월) 4 잎(11월) 5 줄기에서 나온 뿌리(5월)

두릅나무과 송악속 | **송악**

줄기에서 나온 뿌리로 나무나 바위에 붙어 자라고, 어린가지에 털이 있다. 달걀형 잎몸은 두껍고 윤기가 나며, 간혹 3~5개로 얕게 갈라진다. 잎가장자리가 밋밋하고, 황록색 꽃이 산형꽃차례에 달린다. 둥근 열매는 검은색으로 익는다.

늘푸른덩굴나무

- 🗺 남부 지방과 서해안, 울릉도에 자생
- 🍃 어긋나기
- 🌿 홑잎, 달걀형, 3~6cm
- ❋ 9~11월
- 🍒 이듬해 5~7월

1 열매(9월) 2 열매(11월) 3 꽃(8월) : 산형꽃차례에 달리며, 소꽃자루가 짧아 공처럼 된다. 4 잎(10월)
5 나무껍질(10월) : 회녹색이고 매끈하다. 6 전체 모양(10월).

늘푸른큰키나무

🇫 남부 지방의 숲에 자생

🍃 어긋나기

🍂 홑잎, 달걀형,
   15~30cm

🌸 7~8월

🍎 9~11월

두릅나무과 황칠나무속 | **황칠나무**

어린가지는 녹색이고 털이 없다. 달걀형 잎몸은 갈라지지 않거나 2~5개로 갈라지며, 두껍고 윤기가 난다. 잎몸의 아랫부분에 주맥에서 갈라진 측맥 두 개가 뚜렷하고, 잎가장자리는 밋밋하다. 황록색 꽃이 산형꽃차례나 간혹 겹산형꽃차례에 달린다. 타원형 열매는 검은색으로 익는다.

1 꽃(12월) 2 어린 열매(1월). 3 잎(11월) 4 나무껍질(12월) 5 전체 모양(12월).

두릅나무과 팔손이속 | **팔손이**

회녹색 나무껍질이 매끈하고, 어린가지는 굵다. 잎몸은 두껍고 윤기가 나며, 7~9개로 깊게 갈라진다. 양면에 털이 없고, 잎가장자리에 톱니가 있다. 흰 꽃이 산형꽃차례에 모여 피고, 산형꽃차례가 다시 원추꽃차례 모양으로 달린다. 작고 둥근 열매는 검은색으로 익는다.

늘푸른떨기나무

- 🅺 경상남도 섬에 자생, 남부 지방에 식재
- 🅱 어긋나기
- 🅹 홑잎, 손꼴형, 20~40cm
- 🅾 10~12월
- 🆅 이듬해 2~3월

1 전체 모양(6월).　2 잎(6월).　3 잎 뒷면(6월).

늘푸른작은키나무

- 남부 지방에 식재
- 모여나기(가지 끝), 어긋나기
- 홑잎, 손꼴형, 25~70cm
- 10~11월
- 이듬해 1월

두릅나무과 통탈목속 | 통탈목

나무껍질은 회색이며, 골속은 흰색이다. 잎몸은 두껍고 5~7개로 갈라지며, 갈라진 잎은 다시 두 개로 갈라지기도 한다. 뒷면에 갈색 털이 빽빽하고, 잎가장자리에 잔 톱니가 있다. 흰 꽃이 산형꽃차례에 모여 피고, 산형꽃차례가 다시 원추꽃차례 모양으로 달린다. 작고 둥근 열매는 검은색으로 익는다.

1 꽃봉오리(8월) 2 잎(5월) 3 잎(8월) : 잎자루가 길다. 4 어린가지와 겨울눈(4월) : 어린가지는 굵고 가시가 많다.
5 나무껍질(6월) 6 전체 모양(8월).

두릅나무과 음나무속 | **음나무**(엄나무)

갈잎큰키나무

- 전국의 숲에 자생
- 모여나기(가지 끝),
  어긋나기
- 홑잎, 손꼴형,
  10~30cm
- 7~8월
- 9~10월

나무껍질이 세로로 갈라지며 굵은 가시가 많지만,
오래 된 줄기에는 없는 경우도 있다. 잎몸은 5~9개
로 갈라지며, 잎가장자리에 톱니가 있고, 잎자루가
길다. 황록색 꽃이 겹산형꽃차례로 가지 끝에 모여
달린다. 작고 둥근 열매는 검은색으로 익는다. 새순
을 따서 먹는다.

1 꽃(8월) 2 열매(9월) 3 잎(6월) 4 어린가지와 겨울눈(1월) : 잎자국이 초승달 모양이고, 이는 두릅나무과 나무의
공통점이다. 5 새순(5월) : 따서 먹는다. 6 나무껍질(5월) : 가시가 많지만, 오래 되면 없는 경우도 있다.

갈잎작은키나무

- 🏔 전국에 자생·식재
- 🌿 모여나기(가지 끝),
  어긋나기
- 🍃 두번깃꼴겹잎,
  40~100cm
- ❄ 6~8월
- 🍂 9~10월

두릅나무과 두릅나무속 | **두릅나무**

어린가지는 굵고 가시가 많다. 잎은 총잎자루와 소
잎자루가 만나는 부분에 가시가 있고, 작은잎의 잎
몸은 달걀형이다. 황록색 꽃이 산형꽃차례에 모여
피고, 산형꽃차례 여러 개가 원추꽃차례 모양으로
달린다. 작고 둥근 열매는 검은색으로 익는다.

1 꽃(8월) : 소꽃자루가 매우 짧다. 2 가지(10월) 3 열매(10월) : 검은색으로 익는다. 4 잎(5월) 5 겨울눈(11월)
6 나무껍질(9월)

두릅나무과 오갈피나무속 | 오갈피나무

줄기와 어린가지에 아랫부분이 굵은 가시가 드문드
문 있다. 잎은 작은잎이 다섯 장인 손꼴겹잎이나 세
겹잎이다. 작은잎의 잎몸은 거꿀달걀형이고, 잎가
장자리에 잔 톱니가 있다. 짙은 자주색 꽃이 산형꽃
차례에 달리고, 소꽃자루가 매우 짧아 공처럼 된다.
가시오갈피는 소꽃자루가 1~2cm로 길다.

갈잎떨기나무

🇰 전국에 자생·식재
🔀 어긋나기
🍃 손꼴겹잎, 세겹잎,
　10~18cm
🌸 8~9월
🍂 10월

404

7 가시오갈피의 잎(7월). 8 가시오갈피의 새순(4월) : 붉은 털이 빽빽하다. 9 가시오갈피의 가지(9월) : 바늘 같은
가시는 아랫부분이 굵어지지 않고, 비교적 많이 달린다.

1 암꽃(4월) 2 열매(5월) 3 잎(11월) 4 겨울눈(5월) 5 나무껍질(5월)

층층나무과 식나무속 | **식나무**

나무껍질은 녹갈색이다. 어린가지는 녹색이며, 윤기가 난다. 달걀형이나 타원형 잎몸은 두껍고 윤기가 나며, 양면에 털이 없다. 잎가장자리에 톱니가 드문드문 있다. 암수딴그루로 자주색 꽃이 가지 끝에 원추꽃차례로 달린다. 타원형 열매는 붉은색으로 익는다. 금식나무는 잎에 노란 반점이 있다.

늘푸른떨기나무

- 🌏 남부 지방과 울릉도에 자생 · 식재
- 🍃 마주나기
- 🌿 홑잎, 달걀형, 5~15m
- 🌸 3~4월
- 🍂 10월

406

6 금식나무의 어린 열매(1월). 7 금식나무의 잎(1월) : 노란 반점이 있다. 8 금식나무의 전체 모양(12월).

1 꽃(6월) 2 꽃(6월) 3 열매(8월) : 딸기를 닮은 복과가 붉은색으로 익는다. 4 잎(5월) : 측맥이 잎끝을 향해 굽는데, 이는 층층나무속 나무의 공통점이다. 5 잎 뒷면(5월) : 맥 겨드랑이에 갈색 털이 있다.

층층나무과 층층나무속 | **산딸나무**

겨울눈은 꽃눈과 잎눈이 따로 달린다. 달걀형 잎몸에 측맥 4~5쌍이 뚜렷하며, 잎가장자리는 밋밋하고 구불거린다. 잎이 난 뒤 꽃 20~30송이가 두상꽃차례에 달리고, 아래에 꽃잎처럼 생긴 흰색 포조각이 네 장 있다. 서양산딸나무는 흰색 포조각 끝이 오목하고, 붉은꽃서양산딸나무는 포조각이 붉은색이다.

갈잎작은키나무

- 🌳 강원도 이남의 숲에 자생, 전국에 식재
- 🌿 마주나기
- 🍃 홑잎, 달걀형, 4~10cm
- 🌸 6월
- 🍂 9~10월

6 잎눈(11월) : 뾰족하다.　7 꽃눈(11월) : 통통하다.　8 나무껍질(5월) : 비늘조각처럼 벗겨져 얼룩무늬가 생긴다.
9 전체 모양(6월).　10 서양산딸나무의 꽃(5월) : 잎과 같이 핀다.　11 서양산딸나무의 어린 열매(9월) : 타원형으로
모여 달린다.　12 서양산딸나무의 잎(6월).　13 서양산딸나무의 겨울눈(3월).　14 서양산딸나무의 나무껍질(2월) :
불규칙하게 갈라진다.　15 붉은꽃서양산딸나무의 꽃(5월).

1 열매(7월) 2 열매(7월) 3 꽃(5월) 4 잎(5월) 5 나무껍질(12월) : 가을부터 붉은색을 띤다.
6 노랑말채나무의 어린가지(11월) : 어린가지는 노란색을 띠고, 겨울눈은 맨눈이다.

층층나무과 층층나무속 | 흰말채나무

나무껍질과 어린가지는 붉은색이고, 겨울눈은 맨눈이다. 달걀형 잎몸은 측맥이 5~6쌍이다. 잎 뒷면은 흰색으로 잔털이 있고, 잎가장자리는 밋밋하다. 흰 꽃이 산방꽃차례 같은 겹취산꽃차례에 달린다. 둥근 열매는 흰색으로 익는다. 노랑말채나무는 나무껍질과 어린가지가 노란빛을 띤다.

갈잎떨기나무

- 🇰 북한에 자생, 전국에 식재
- 🔱 마주나기
- 🍃 홑잎, 달걀형, 5~10cm
- ✿ 5~6월
- 🍂 7~9월

410

1 꽃(4월) : 꽃이삭이 마주난다. 2 꽃(4월) 3 열매(11월) 4 잎(6월) 5 겨울눈(12월) : 잎눈과 꽃눈이 따로 달린다.
6 나무껍질(4월) : 불규칙하게 벗겨진다.

갈잎작은키나무

- 🇰 전국에 식재
- 🌳 마주나기
- 🍃 홑잎, 달걀형,
  4~12cm
- ◉ 3~4월
- 🌰 8~9월

층층나무과 층층나무속 | 산수유

달걀형 잎몸은 측맥이 5~7쌍이다. 잎 뒷면 맥 겨드
랑이에 갈색 털이 빽빽하고, 잎가장자리는 밋밋하
다. 노란 꽃 20~30송이가 산형꽃차례에 달리며, 잎
보다 먼저 핀다. 타원형 열매는 붉은색으로 익는다.
노란 꽃이 잎보다 먼저 피어 비슷한 생강나무는 꽃
이삭과 겨울눈, 잎이 모두 어긋난다.

1 꽃(6월) 2 열매(10월) 3 잎(5월) 4 어린가지(10월) : 처음에는 녹색이지만 점차 붉은색으로 변하고, 잎이 어긋난다.

층층나무과 층층나무속 | **층층나무**

달걀형 잎몸은 측맥이 6~8쌍이다. 잎 뒷면은 흰색
으로 잔털이 있고, 잎가장자리는 밋밋하다. 흰 꽃이
산방꽃차례 같은 겹취산꽃차례에 달린다. 둥근 열매
는 검은색으로 익는다. 뚜렷한 측맥이 잎끝을 향해
굽는 층층나무속 나무 중 큰키나무고 잎차례가 어긋
나기인 것으로 쉽게 식별할 수 있다.

갈잎큰키나무

- 🌍 전국의 숲에 자생
- 🌿 모여나기(가지 끝),
  어긋나기
- 🍃 홑잎, 달걀형,
  5~12cm
- 🌸 5~6월
- 🍒 8~10월

412

5 어린가지와 겨울눈(12월) : 어린가지와 겨울눈은 붉은색이며, 겨울눈은 곁눈 없이 끝눈만 달린다.
6 나무껍질(8월) : 세로로 얕게 갈라진다. 7 전체 모양(5월) : 나무 이름처럼 가지가 층을 지어 수평으로 퍼져, 전체 모양이 독특하다.

1 꽃(6월) 2 잎(6월) 3 나무껍질(11월) : 흑갈색이며 거북딱지처럼 불규칙하게 갈라진다.

층층나무과 층층나무속 | 말채나무

달걀형 잎몸은 측맥이 4~5쌍이다. 잎 뒷면은 흰색으로 털이 있고, 잎가장자리는 밋밋하다. 흰 꽃이 산방꽃차례 같은 겹취산꽃차례에 달린다. 둥근 열매는 검은색으로 익는다. 곰의말채나무는 측맥이 여섯 쌍 이상이다.

갈잎큰키나무

- 🌳 전국의 숲에 자생
- 🍃 마주나기
- 🌿 홑잎, 달걀형, 5~12cm
- ❀ 6월
- 🍂 9~10월

414

1 꽃(7월)　2 잎(7월)　3 꽃봉오리(6월)　4 나무껍질(10월) : 불규칙하게 갈라진다.

갈잎큰키나무

- 📍 경기도 이남의 숲에 자생
- 🌿 마주나기
- 🍃 홑잎, 달걀형, 7~15cm
- 🌸 7~8월
- 🍂 9월

층층나무과 층층나무속 | **곰의말채나무**

잎몸은 달걀형이고 잎끝이 길며, 측맥은 6~10쌍이다. 잎 뒷면은 흰색으로 털이 있고, 잎가장자리는 밋밋하다. 흰 꽃이 산방꽃차례 같은 겹취산꽃차례에 달린다. 둥근 열매는 검은색으로 익는다.

1 꽃(3월) 2 꽃봉(4월) : 위쪽에 꽃가루가 나오는 구멍이 있고, 이는 진달래속 나무의 공통점이다. 3 꽃자루(6월) : 비늘조각이 있다. 4 열매(11월) : 익으면 벌어진다. 5 잎(6월) 6 어린잎(4월) : 비늘조각이 빽빽하다.

진달래과 진달래속 | **진달래**

어린가지와 잎몸의 양면에 비늘조각이 빽빽하다. 측맥이 뚜렷하지 않고, 잎가장자리는 밋밋하다. 분홍색 꽃이 잎보다 먼저 핀다. 흰진달래는 흰 꽃이 피고, 털진달래는 잎에 잔털이 있다. 산철쭉은 잎몸에 비늘조각이 없으며, 억센 털이 많고, 측맥이 뚜렷하다.

갈잎떨기나무

- 🇰 전국에 자생·식재
- 🌿 모여나기(가지 끝), 어긋나기
- 🍃 홑잎, 긴타원형, 4~7cm
- 🌸 3~4월
- 🍒 10~11월

7 어린가지와 겨울눈(12월).   8 전체 모양(4월).   9 흰진달래의 꽃(3월).   10 털진달래의 잎(6월).   11 산철쭉과 잎 비교.
12 산철쭉과 잎 뒷면 비교.

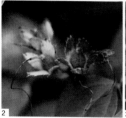

1 꽃(4월) 2 열매(9월) 3 잎(4월) 4 어린가지(12월) : 털이 있으며, 겨울에 가지 끝에 잎이 일부 남아 있기도 하다.

진달래과 진달래속 | 산철쭉

긴타원형 잎몸은 양면에 비늘조각이 없으며, 억센
털이 많다. 측맥이 뚜렷하고, 잎가장자리는 밋밋하
다. 분홍색 꽃이 잎과 같이 핀다. 달걀형 열매는 표
면에 털이 있고, 익으면 다섯 개로 벌어진다. 만첩
산철쭉은 겹꽃이 피며, 흰산철쭉은 흰 꽃이 핀다.
이 외에 많은 원예 품종이 식재된다.

갈잎떨기나무

- ☑ 전국에 자생·식재
- ☒ 모여나기(가지 끝),
  어긋나기
- ☑ 홑잎, 긴타원형,
  4~8cm
- ☒ 4~5월
- ☒ 9월

5 전체 모양(4월).　6 만첩산철쭉의 꽃(4월) : 겹꽃이다.　7 흰산철쭉의 꽃(5월) : 흰색이다.

1 꽃(6월) 2 열매(9월) 3 잎(9월) : 윤기가 난다. 4 겨울눈(11월)

진달래과 진달래속 | **참꽃나무**

나무껍질이 매끈하며, 어린가지에 털이 있으나 차츰 없어진다. 잎은 가지 끝에서 보통 세 장씩 모여난다. 잎몸은 마름모꼴에 가까운 달걀형이고, 표면에 윤기가 나며, 잎가장자리는 밋밋하다. 붉은 꽃이 잎과 같이 핀다. 달걀형 열매는 표면에 털이 있고, 익으면 벌어진다.

갈잎떨기나무

- 🌏 제주도의 숲에 자생
- 🍃 3장씩 모여나기(가지 끝), 어긋나기
- 🍂 홑잎, 달걀형, 4~7cm
- 🌸 5~6월
- 🍎 9~10월

1 꽃(4월) 2 꽃봉오리(4월) 3 열매(7월) : 달걀형이고 표면에 샘털이 있다. 4 잎(5월) : 가지 끝에서 5장씩 모여난다.
5 어린 가지와 겨울눈(12월) : 잎자국이 마름모꼴이며, 5개가 모여 있다. 6 전체 모양(5월).

갈잎떨기나무

- 🇰 전국의 숲에 자생
- 🍃 5장씩 모여나기(가지 끝), 어긋나기
- 🌿 홑잎, 거꿀달걀형, 5~8cm
- 🌸 4~5월
- 🍎 10~11월

진달래과 진달래속 | **철쭉**

잎은 가지 끝에서 다섯 장씩 모여난다. 거꿀달걀형 잎몸은 너비가 보통 3.5cm 이상이며, 잎가장자리는 밋밋하다. 연분홍색 꽃이 잎과 같이 핀다. 흔히 철쭉이라고 팔거나 철쭉 축제에서 말하는 철쭉은 산철쭉인 경우가 많다. 산철쭉은 잎몸의 너비가 보통 3.5cm 미만이다.

1 꽃(5월) 2 꽃봉오리(5월) 3 열매(10월) 4 지난해 열매(4월). 5 잎(5월) 6 겨울눈(2월)

진달래과 진달래속 | 꼬리진달래

어린가지는 비늘조각이 빽빽하고 털이 있다. 긴타원형 잎몸 양면에 비늘조각이 빽빽하다. 측맥이 뚜렷하지 않고, 잎가장자리는 밋밋하다. 지름 1cm 이하인 흰 꽃 약 20송이가 총상꽃차례에 모여 달린다. 긴타원형 열매는 익으면 벌어진다.

늘푸른떨기나무

- 🌲 경상북도와 충청북도, 강원도의 숲에 자생
- 🌿 모여나기(가지 끝), 어긋나기
- 🍃 홑잎, 긴타원형, 2~4cm
- 🌸 5~8월
- 🍂 9~10월

1 꽃(4월) 2 어린 열매(8월) : 달걀형 열매는 익으면 벌어진다. 3 잎(6월) 4 잎 뒷면(4월) : 갈색 털이 빽빽하다.
5 겨울눈(3월) 6 전체 모양(6월).

늘푸른떨기나무		진달래과 진달래속 | **만병초**

늘푸른떨기나무

- 🏔 백두대간의 숲에 자생
- 🌿 모여나기(가지 끝), 어긋나기
- 🍃 홑잎, 긴타원형, 8~20cm
- 🌸 5~6월
- 🍂 9월

진달래과 진달래속 \| **만병초**

어린가지는 털이 빽빽하나, 차츰 없어지며 갈색으로 변한다. 긴타원형 잎몸은 두껍고, 표면에 윤기가 난다. 잎가장자리는 밋밋하며 뒤로 말린다. 흰색이나 연분홍색 꽃 10~20송이가 가지 끝에 모여 달린다. 노랑만병초는 노란 꽃이 피고, 잎몸의 길이가 3~8cm며, 잎 뒷면에 털이 없다.

1 꽃(6월) : 종 모양 꽃이 아래를 향해 핀다. 2 열매(9월) 3 잎(6월)

진달래과 산앵도나무속 | **산앵도나무**

어린가지는 털이 거의 없으며, 다소 지그재그 모양이다. 달걀형 잎몸은 끝이 뾰족하고, 잎가장자리에 안으로 굽은 잔 톱니가 있다. 연분홍색 꽃 2~3송이가 지난해 가지 끝에 모여 달린다. 달걀형 열매는 꽃잎처럼 생긴 꽃받침잎이 남기도 하며, 붉은색으로 익는다.

갈잎떨기나무

- 전국의 숲에 자생
- 어긋나기
- 홑잎, 달걀형, 2~5cm
- 5~6월
- 9월

1 꽃(5월) 2 꽃(6월) : 종 모양 꽃이 아래를 향해 핀다. 3 어린 열매(6월). 4 잎(6월) 5 겨울눈(1월)

갈잎떨기나무

- 🔼 남부 지방의 숲에 자생
- 🔼 어긋나기
- 🔼 홑잎, 달걀형, 3~8cm
- 🔼 6~7월
- 🔼 9월

진달래과 산앵도나무속 | 정금나무

어린가지는 비교적 털이 많으며, 지그재그 모양이다. 달걀형 잎몸은 양면 맥 위에 털이 있으며, 잎가장자리에 털 같은 비늘형 톱니가 있다. 붉은 꽃 10~18송이가 새가지 끝에 총상꽃차례로 달린다. 둥근 열매는 검은색으로 익는다.

1 꽃(5월) : 종 모양 꽃이 아래를 향해 핀다.　2 꽃(5월)　3 전체 모양(4월) : 30cm 이하로 작게 자란다.

진달래과 산앵도나무속 | **월귤**

늘푸른떨기나무

어린가지는 녹색이고 털이 있다. 거꿀달걀형 잎몸은 두껍고 윤기가 나며, 뒷면에 검은 점이 흩어져 있다. 잎끝은 오목하거나 둔하며, 잎가장자리는 보통 밋밋하지만 간혹 둔한 톱니가 있다. 연분홍색 꽃 2~3송이가 모여 달리고, 둥근 열매는 붉은색으로 익는다.

- 🌏 강원도 북부 숲에 자생
- 🍃 어긋나기
- 🍂 홑잎, 거꿀달걀형, 1~3cm
- 🌸 5~6월
- 🍎 8~9월

426

1 지난해 열매(2월) : 다음 번 꽃이 필 때까지 달려 있다. 2 어린 열매(9월). 3 잎(5월) 4 자금우의 잎(6월).
5 산호수의 잎(6월).

늘푸른떨기나무

- 🔼 남해안과 제주도에 자생, 화분에 심어 실내에서 기름
- 📷 어긋나기
- 🍃 홑잎, 긴타원형, 7~12cm
- 🌼 6월
- 🍒 10~12월

자금우과 자금우속 | **백량금**

긴타원형 잎몸은 두껍고 윤기가 나며, 잎가장자리에 파도형 톱니가 있다. 흰 꽃이 가지 끝에 산형꽃차례나 겹산형꽃차례로 달린다. 둥근 열매는 붉은색으로 익는다. 자금우는 잎이 돌려나며, 작은 톱니가 많다. 산호수는 잎이 돌려나며, 큰 톱니가 드문드문 있다.

1 열매(9월) 2 꽃(6월) 3 잎(9월) 4 어린가지와 겨울눈(11월) : 겨울눈은 달걀형이다.
5 나무껍질(4월) : 거북딱지처럼 갈라진다.

감나무과 감나무속 | **감나무**

갈잎큰키나무

달걀형 잎몸은 두껍고 윤기가 나며, 잎가장자리는
밋밋하다. 황록색 꽃이 잎겨드랑이에 달린다. 둥글
납작한 열매는 지름이 4~9cm며, 주황색으로 익는
다. 고욤나무는 겨울눈이 긴달걀형이며, 열매는 지
름이 2cm 이하다.

🌍 경기도 이남에 식재

🍃 어긋나기

🍂 홑잎, 달걀형,
　　7~17cm

❀ 5~6월

🍎 10월

428

1 열매(11월) 2 전체 모양(12월) 3 꽃(6월) 4 잎(6월) 5 어린가지와 겨울눈(1월)
6 나무껍질(4월) : 거북딱지처럼 갈라진다.

갈잎큰키나무

- 🗺 경기도 이남의 숲에 자생
- 🍃 어긋나기
- 🍂 홑잎, 달걀형, 6~12cm
- 🌸 5~6월
- 🍂 10월

달걀형 잎몸은 뒷면에 흰빛이 돌고 잎끝이 길며, 잎 가장자리는 밋밋하다. 암수딴그루로 연한 녹색이나 연한 주황색 꽃이 새가지 잎겨드랑이에서 아래를 향해 핀다. 둥근 열매는 지름이 약 1.5cm고, 누런색으로 익는다.

1 꽃(5월) 2 꽃(5월) 3 열매(9월) 4 잎(6월) 5 잎 뒷면(6월) : 잎맥이 논바닥 갈라진 모양과 비슷하다.
6 나무껍질(9월) : 세로로 갈라진다.

노린재나무과 노린재나무속 | **노린재나무**

거꿀달걀형 잎몸은 뒷면에 털이 조금 있거나 없으며, 잎가장자리에 톱니가 있다. 흰 꽃이 새가지 끝에 원추꽃차례로 달린다. 타원형 열매는 보통 반점이 있고, 남색으로 익는다. 남부 지방에 자생하는 검노린재나무는 잎 뒷면 맥 부분에 털이 있으며, 열매가 검은색으로 익는다.

갈잎떨기나무

- 🌳 전국의 숲에 자생
- 🍃 어긋나기
- 🍂 홑잎, 거꿀달걀형, 4~9cm
- 🌸 4~6월
- 🍎 9월

7 검노린재나무의 열매(10월) : 검은색으로 익는다.　8 검노린재나무의 잎(10월).　9 검노린재나무의 잎 뒷면(10월).

1 꽃(5월) 2 꽃(5월) 3 열매(8월) 4 잎(6월) 5 벌레집(7월) 6 겨울눈(11월) : 털이 있고, 곁눈 아래쪽에 덧눈이 있다. 7 나무껍질(9월) : 검은색이고 매끈하다.

때죽나무과 때죽나무속 | **때죽나무**

잎몸은 타원형이고, 잎가장자리는 보통 밋밋하지만 간혹 뚜렷하지 않은 톱니가 있다. 흰 꽃 2~5송이가 잎겨드랑이에 달리며, 아래를 향해 핀다. 달걀형 열매는 회백색으로 익는다. 모양이 독특한 때죽납작진딧물의 벌레집이 흔히 생기며, 같은 속인 쪽동백나무에도 간혹 있다.

갈잎작은키나무

- 전국의 숲에 자생
- 어긋나기
- 홑잎, 타원형, 3~8cm
- 5~6월
- 9월

1 꽃(5월) 2 열매(9월) 3 잎(5월) 4 겨울눈(12월) : 털이 있고 곁눈 아래쪽에 덧눈이 있으며, 잎자루안겨울눈이다.
5 나무껍질(4월) : 검은색이고 매끈하다. 6 전체 모양(5월).

갈잎작은키나무

- ⬛ 전국의 숲에 자생
- 🔲 어긋나기
- ⬛ 홑잎, 원형, 타원형, 7~20cm
- ⬛ 5~6월
- ⬛ 9월

때죽나무과 때죽나무속 | 쪽동백나무

어린가지는 매끈하고 껍질이 벗겨진다. 잎몸이 원형인 큰 잎 한 장과 타원형 작은 잎 두 장이 함께 달린다. 잎몸 뒷면에 털이 있고 흰빛이 돌며, 잎가장자리에 뾰족한 톱니가 드문드문 있다. 흰 꽃이 총상꽃차례에 달리며, 아래를 향해 핀다. 달걀형 열매는 회백색으로 익는다.

1 열매(7월) 2 열매(7월) : 시과는 피침형이다. 3 수꽃(4월) : 꽃잎이 없는 작은 꽃이 원추꽃차례로 달린다.
4 잎(5월) : 변이가 심해서 다양한 모양이 나타난다. 5 겨울눈(12월) 6 나무껍질(3월) : 흰 무늬가 있는 경우가 많다.

물푸레나무과 물푸레나무속 | **물푸레나무**

갈잎큰키나무

끝눈은 회색이나 누런색이며, 바깥쪽의 눈비늘 한 쌍이 젖혀진 투구 모양이고, 털이 있거나 없다. 깃꼴겹잎은 작은잎 5~7장으로 구성되며, 잎가장자리는 밋밋하거나 뚜렷하지 않은 톱니가 있다. 비슷한 것으로 백두대간에 자생하는 들메나무와 전라도의 깊은 숲 계곡에 자라는 물들메나무가 있다.

- 🇰 전국의 숲에 자생
- 🅜 마주나기
- 🅛 깃꼴겹잎, 15~25cm
- 🅒 4~5월
- 🅢 9월

7 들메나무의 잎(6월) : 깃꼴겹잎은 보통 작은잎이 9~11장 있다. 8 들메나무의 겨울눈(11월) : 끝눈이 검은색이며,
눈비늘은 끝이 서로 붙는다. 9 물들메나무의 잎(7월) : 깃꼴겹잎은 보통 7~11장이다.
10 물들메나무의 겨울눈(12월) : 끝눈이 갈색이며 맨눈이다.

1 꽃(5월) : 흰 꽃잎이 있다. 2 열매(5월) 3 잎(5월) 4 겨울눈(12월) : 검은색이다.

<table>
<tr><td>물푸레나무과 물푸레나무속 | 쇠물푸레나무</td><td>갈잎작은키나무</td></tr>
</table>

물푸레나무과 물푸레나무속 | 쇠물푸레나무

깃꼴겹잎은 작은잎 5~9장으로 구성되며, 작은잎의
잎몸은 달걀형이다. 뒷면 맥 위에 털이 있고, 잎가
장자리에 둔한 톱니가 있다. 암수딴그루로 흰 꽃이
새가지 끝에 원추꽃차례로 달린다. 시과는 피침형
이다. 다른 물푸레나무속 나무보다 잎이 작다.

갈잎작은키나무

- 전국의 숲에 자생
- 마주나기
- 깃꼴겹잎, 10~17cm
- 5월
- 9월

436

1 꽃(5월) 2 꽃(5월) 3 열매(10월) 4 잎(6월) 5 나무껍질(5월) : 종잇장처럼 벗겨져서 줄기에 오랫동안 붙어 있다. 6 전체 모양(5월).

갈잎큰키나무

- 🗺 경기도 이남의 숲에 자생, 전국에 식재
- 🍃 마주나기
- 🍂 홑잎, 타원형, 5~11cm
- 🌸 5~6월
- 🔴 9~10월

물푸레나무과 이팝나무속 | **이팝나무**

잎몸은 타원형이나 거꿀달걀형이며, 잎가장자리는 밋밋하거나 뚜렷하지 않은 톱니가 있다. 암수딴그루로 흰 꽃이 새가지에 원추꽃차례로 달린다. 꽃이 활짝 핀 나무는 마치 흰 안개로 덮인 것 같다. 타원형 열매는 검은색으로 익는다. 최근 가로수로 많이 심는다.

1 꽃(7월) 2 꽃(7월) 3 열매(1월) : 타원형 열매는 검은색으로 익는다. 4 잎(6월) 5 나무껍질(9월) : 회갈색이고 껍질눈이 드문드문 있다.

물푸레나무과 쥐똥나무속 | **광나무**

달걀형 잎몸은 두껍고 윤기가 난다. 측맥이 뚜렷하지 않으며, 잎가장자리는 밋밋하다. 흰 꽃이 새가지 끝에 원추꽃차례로 달린다. 꽃잎은 밑 부분이 합쳐져 통처럼 되며, 그 길이가 갈라진 부분의 두 배 정도다. 당광나무는 통처럼 된 부분이 갈라진 부분보다 짧다.

늘푸른떨기나무

- 🌏 남부 지방과 제주도에 자생 · 식재
- 🌿 마주나기
- 🍃 홑잎, 달걀형, 4~10cm
- 🌸 7~8월
- 🍂 10월

438

1 꽃(7월) 2 꽃(7월) 3 잎(6월) 4 나무껍질(7월) : 매끈하다. 5 전체 모양(7월).

늘푸른작은키나무

- 🌳 제주도의 숲에 자생
- 🍃 마주나기
- 🍂 홑잎, 달걀형,
  5~12cm
- 🌸 6~7월
- 🍒 9~10월

물푸레나무과 쥐똥나무속 | **당광나무**(제주광나무)

달걀형 잎몸은 두껍고 윤기가 난다. 측맥이 뚜렷하지 않으며, 잎가장자리는 밋밋하다. 꽃잎이 깊게 갈라지는 흰 꽃이 새가지 끝에 원추꽃차례로 달린다. 타원형 열매는 검은색으로 익는다.

1 꽃(6월) : 꽃잎이 얕게 갈라진다. 2 열매(12월) : 타원형 열매가 검은색으로 익는다. 3 잎(6월) 4 나무껍질(3월)

물푸레나무과 쥐똥나무속 | 쥐똥나무

어린가지에 잔털이 빽빽하다. 잎몸은 긴타원형이고, 잎가장자리는 밋밋하다. 흰 꽃이 새가지 끝에 원추꽃차례로 달리고, 산울타리로 흔히 심는다. 남부 지방에 자생하는 왕쥐똥나무는 어린가지에 털이 없고, 겨울에 잎이 대부분 떨어지지만 일부 남아 있기도 하며, 잎몸은 타원형이고 두껍다.

갈잎떨기나무

- 🌲 강원도 이남의 숲에 자생, 전국에 식재
- 🍃 마주나기
- 🍂 홑잎, 긴타원형, 3~7cm
- ❀ 5~6월
- 🍎 10월

1 꽃(9월) : 주황색 꽃이 잎겨드랑이에 산형꽃차례로 달린다. 2 잎(1월) 3 잎 뒷면(12월) : 측맥이 두드러진다.
4 나무껍질(9월) 5 전체 모양(9월).

늘푸른작은키나무

- 🇰 남부 지방에 식재
- 🌿 마주나기
- 🍃 홑잎, 긴타원형,
  7~12cm
- ☀ 9~10월
- 🍂 이듬해 9~10월

물푸레나무과 목서속 | 금목서

긴타원형 잎몸은 두껍고, 뒷면의 측맥이 두드러진다. 잎가장자리는 밋밋하지만, 간혹 잔 톱니가 있다. 타원형 열매는 짙은 자주색으로 익는다. 목서는 흰 꽃이 핀다. 박달목서는 남해안과 제주도에 자생하며, 잎 뒷면 측맥이 거의 두드러지지 않는다.

441

1 꽃(11월) : 흰 꽃이 잎겨드랑이에 모여 달린다. 2 꽃(11월) 3 잎(11월) 4 잎(7월) : 가시 같은 톱니가 있는 것은 호랑가시나무의 잎과 비슷하다. 5 나무껍질(7월) 6 **구갑구골나무의 꽃**(11월). 7 **구갑구골나무의 잎**(11월).

물푸레나무과 목서속 | **구골나무**

늘푸른떨기나무

타원형 잎몸이 두껍고, 뒷면의 측맥은 거의 두드러지지 않는다. 잎가장자리는 밋밋하지만, 간혹 가시같은 톱니가 다섯 쌍 이하로 발달한다. 암수딴그루로 타원형 열매는 짙은 자주색으로 익는다. 잎가장자리에 흰색 무늬가 있는 것을 구갑구골나무라 한다. 호랑가시나무는 잎이 어긋난다.

- 🌏 남부 지방에 식재
- 🍃 마주나기
- 🍂 홑잎, 타원형, 3~5cm
- 🌼 11월
- 🔴 이듬해 4~5월

442

1 꽃(10월) 2 꽃(10월) 3 전체 모양(10월).

늘푸른큰키나무	물푸레나무과 목서속 | **박달목서**

늘푸른큰키나무

- 🔲 남해안과 제주도에 자생
- 🔲 마주나기
- 🔲 홑잎, 긴타원형, 7~12cm
- 🔲 10~12월
- 🔲 이듬해 5월

나무껍질은 회색이다. 긴타원형 잎몸이 두껍고, 뒷면의 측맥은 거의 두드러지지 않는다. 잎끝이 길고 잎가장자리는 밋밋하지만, 어린 나무는 간혹 크고 뾰족한 톱니가 있다. 암수딴그루로 흰 꽃이 잎겨드랑이에 모여 달린다. 타원형 열매는 검은색으로 익는다.

443

1 꽃(4월) 2 암술우세꽃(4월) : 암술이 수술보다 길다. 3 수술우세꽃(4월) : 수술이 암술보다 길다.
4 어린가지와 겨울눈(2월) : 어린가지는 네모지고, 겨울이면 자주색이 된다. 5 열매(5월)

물푸레나무과 미선나무속 | **미선나무**

갈잎떨기나무

잎몸은 달걀형이고, 잎가장자리는 밋밋하다. 모양
이 개나리 꽃을 닮은 흰색이나 연분홍색 꽃이 잎보
다 먼저 핀다. 암술우세꽃이 피는 나무와 수술우세
꽃이 피는 나무가 따로 있다. 둥근 시과는 부채 모
양이고, 우리 나라 특산 나무다.

- 🌍 충청북도와 전라북도
  숲에 자생, 전국에
  식재
- 🍃 마주나기
- 🍂 홑잎, 달걀형, 3~7cm
- 🌸 3~4월
- 🍎 9월

6 전체 모양(4월) 7 열매와 씨(10월). 8 잎(5월) 9 새순(4월) 10 나무껍질(4월) : 세로로 갈라진다.

1 꽃(4월) 2 암술우세꽃(4월) : 암술이 수술보다 길다. 3 수술우세꽃(4월) : 수술이 암술보다 길다.
4 꽃(3월) : 꽃받침잎이 작고 붉은색을 띤다. 5 열매(9월) 6 잎(6월) 7 새순(4월) : 잎 뒷면에 털이 없다.

물푸레나무과 개나리속 | 개나리

갈잎떨기나무

- 🇰🇷 전국에 식재
- Ⓜ 마주나기
- 🍃 홑잎, 달걀형,
  3~12cm
- 🌸 3~4월
- 🍂 9월

어린가지는 껍질눈이 뚜렷하다. 달걀형이나 피침형 잎몸은 뒷면에 털이 없다. 노란 꽃이 잎보다 먼저 핀다. 산개나리는 잎 뒷면 맥 위에 털이 있다. 만리화와 장수만리화는 잎몸이 너비가 넓은 달걀형이고, 장수만리화는 줄기가 곧추선다. 당개나리는 꽃받침잎이 길고 녹색이다.

446

잎눈

꽃눈

8 어린가지와 겨울눈(9월) : 잎눈과 꽃눈이 따로 달린다.　9 전체 모양(4월).　10 산개나리의 꽃(4월).
11 산개나리의 잎 뒷면(4월) : 털이 있다.　12 장수만리화의 꽃(3월) : 꽃이 개나리보다 일주일 정도 빨리 핀다.
13 장수만리화의 잎(6월).　14 장수만리화의 잎 뒷면(6월).　15 장수만리화의 열매(6월).
16 장수만리화의 어린가지(4월).　17 당개나리의 꽃(4월) : 꽃받침잎이 길고 녹색이다.

1 꽃(4월) 2 꽃봉오리(4월) 3 열매(5월) 4 잎(5월) : 양면에 털이 없고, 잎아래는 심장형이며, 잎가장자리는 밋밋하다.
5 겨울눈(12월) : 가지 끝에 가짜끝눈 2개가 달린다. 6 나무껍질(10월) : 세로로 갈라지고, 나선형으로 꼬인다.

물푸레나무과 수수꽃다리속 | **서양수수꽃다리**

흰색이나 연한 자주색 꽃이 지난해 가지 끝에 길이 10~25cm의 원추꽃차례로 촘촘하게 달린다. 향기가 진하며, 수술이 꽃 밖으로 드러나지 않는다. 타원형 열매는 끝이 뾰족하다. 수수꽃다리는 한반도 북부 지방에 자생하고 간혹 식재하며, 원추꽃차례 길이가 7~12cm로 비교적 엉성하다.

갈잎떨기나무

- 🌏 전국에 식재
- 📛 마주나기
- 📄 홑잎, 달걀형, 6~14cm
- 🌸 4~5월
- 🍂 9~10월

448

1 꽃봉오리(6월) 2 잎(6월) 3 겨울눈(12월) 4 어린가지(6월) : 어린가지는 연하여 쉽게 구부릴 수 있다.
5 털개회나무의 꽃봉오리(5월). 6 털개회나무의 잎 뒷면(5월) : 잎이 작고, 털이 빽빽하다.

| 갈잎떨기나무 | 물푸레나무과 수수꽃다리속 \| **꽃개회나무** |

갈잎떨기나무

- 🏔 백두대간의 숲에 자생
- 🍃 마주나기
- 🍂 홑잎, 타원형,
  7~13cm
- 🌸 6~7월
- 🍁 9월

타원형 잎몸 뒷면에 털이 빽빽하고, 잎가장자리는 밋밋하다. 자주색 꽃이 새가지 끝에 원추꽃차례로 달리며, 수술이 꽃 밖으로 드러나지 않는다. 타원형 열매는 끝이 둔하다. 털개회나무는 잎몸 길이가 4~9cm고, 원추꽃차례는 지난해 가지 끝에 달린다.

449

1 꽃(5월) 2 꽃(5월) : 수술이 꽃 밖으로 드러난다. 3 잎(5월)

물푸레나무과 수수꽃다리속 | **개회나무**

달걀형 잎몸은 뒷면에 털이 없으며, 잎가장자리는
밋밋하다. 흰 꽃이 지난해 가지 끝에 원추꽃차례로
달리고, 꽃잎이 깊게 갈라지며, 수술이 꽃 밖으로
드러난다. 긴타원형 열매는 끝이 둔하다.

갈잎작은키나무

- 백두대간의 숲에 자생
- 마주나기
- 홑잎, 달걀형,
  5~12cm
- 5~7월
- 9~10월

4 겨울눈(11월) : 가지 끝에 가짜끝눈 2개가 달린다. 5 나무껍질(9월) : 껍질눈이 많고, 오래 되면 벗겨진다.
6 전체 모양(6월).

1 꽃(3월) : 꽃잎이 6장이다. 2 꽃(3월) 3 잎(5월) 4 전체 모양(3월) : 가지가 많이 갈라지고, 옆으로 퍼진다.

물푸레나무과 영춘화속 | 영춘화

갈잎떨기나무

- 🇰 전국에 식재
- 🌿 마주나기
- 🍃 세겹잎, 깃꼴겹잎,
  2~5cm
- 🌼 3~4월
- 🍂 5월

어린가지는 녹색이고 네모지며, 털이 없다. 잎은 보통 세겹잎이지만, 간혹 작은잎 다섯 장으로 구성된 깃꼴겹잎이 달린다. 작은잎의 잎몸은 타원형이고 윤기가 나며, 잎가장자리는 밋밋하다. 노란 꽃이 잎겨드랑이에 한 송이씩 달리며, 잎보다 먼저 핀다. 열매는 우리 나라에서 잘 맺히지 않는다.

1 꽃(6월) : 꽃잎 5장이 풍차처럼 달린다. **2** 줄기에서 나온 뿌리(2월) **3** 열매(9월) **4** 잎(2월) **5** 어린가지(10월) **6** 전체 모양(11월).

늘푸른덩굴나무	협죽도과 마삭줄속 | **마삭줄**

늘푸른덩굴나무

- 🔲 남부 지방의 숲에 자생
- 🔳 마주나기
- ▱ 홑잎, 타원형, 2~5cm
- ⬡ 6~7월
- ◪ 8~10월

협죽도과 마삭줄속 \| 마삭줄

줄기에서 나온 뿌리가 다른 나무나 바위에 붙어 자란다. 타원형 잎몸은 두껍고 윤기가 나며, 잎가장자리는 밋밋하다. 꽃은 흰색에서 노란색으로 변하고, 가지 끝이나 잎겨드랑이에 취산꽃차례로 달린다. 콩깍지처럼 긴 열매가 두 개씩 달리고, 익으면 벌어진다.

1 꽃봉오리(5월) 2 꽃(8월) 3 열매(9월) 4 잎(12월) : 3장씩 돌려난다. 5 나무껍질(12월) 6 만첩협죽도의 꽃(9월).

협죽도과 협죽도속 | **협죽도**

선형 잎몸은 두껍고, 양면에 털이 없다. 주맥은 뚜렷하지만 측맥은 희미하며, 잎가장자리는 밋밋하다. 분홍색이나 흰색 꽃은 꽃잎이 다섯 장이고, 가지 끝에 취산꽃차례로 달린다. 만첩협죽도는 겹꽃이 핀다.

늘푸른큰키나무

- 🄵 남부 지방에 식재
- 🅝 3장씩 돌려나기
- 🄵 홑잎, 선형, 7~15cm
- 🄲 7~8월
- 🄼 11월

1 열매(10월) 2 열매(10월) 3 꽃(7월) 4 잎(8월) 5 겨울눈(11월) : 맨눈이다. 6 나무껍질(8월)
7 흰작살나무의 열매(11월) : 흰색으로 익는다.

갈잎떨기나무

- 🇰 전국에 자생 · 식재
- 🔁 마주나기
- 🍃 홑잎, 거꿀달걀형,
  3~8cm
- 🌸 7~8월
- 🍂 10월

마편초과 작살나무속 | **작살나무**

잎 뒷면에 털이 있고, 잎가장자리는 전체적으로 톱
니가 있다. 연분홍색 꽃이 잎겨드랑이에 겹취산꽃
차례로 달린다. 둥근 열매는 지름이 4~5mm고, 보
라색으로 익는다. 흰작살나무는 열매가 흰색으로
익는다. 좀작살나무는 잎가장자리의 중앙 아래에는
톱니가 거의 없고, 열매는 지름이 2~3mm다.

1 열매(9월) 2 잎(6월) 3 잎 뒷면(6월). 4 꽃(7월) : 연분홍색 꽃이 잎겨드랑이에 겹취산꽃차례로 달린다
5 나무껍질(2월) 6 **흰좀작살나무**의 열매(9월) : 흰색으로 익는다.

마편초과 작살나무속 | **좀작살나무**

어린가지에 털이 있고, 겨울눈은 맨눈이다. 거꿀달걀형 잎몸은 잎끝이 길고, 뒷면에 털이 있다. 잎가장자리 중앙 윗부분에 톱니가 있다. 둥근 열매는 지름이 2~3mm고, 보라색으로 익는다. 흰좀작살나무는 열매가 흰색으로 익는다.

갈잎떨기나무

- 🌍 강원도 이남의 숲에 자생, 전국에 식재
- 🍃 마주나기
- 🍂 홑잎, 거꿀달걀형, 3~8cm
- 🌸 7~8월
- 🍎 10월

1 잎(8월) 2 잎 뒷면(8월) : 털이 빽빽하다. 3 어린 열매(8월) : 꽃받침잎 부분에 털이 빽빽하다.

갈잎떨기나무

- 🗺 전라도와 제주도의
  숲에 자생
- 🌿 마주나기
- 🍃 홑잎, 달걀형, 5~9cm
- 🌸 6월
- 🍒 9~10월

마편초과 작살나무속 | **새비나무**

어린가지에 털이 빽빽하고, 겨울눈은 맨눈이다. 달걀형 잎몸은 잎끝이 길고 양면에 털이 빽빽하며, 잎 가장자리에 톱니가 있다. 연분홍색 꽃이 잎겨드랑이에 겹취산꽃차례로 달린다. 둥근 열매는 지름이 약 5mm고, 보라색으로 익는다.

1 꽃(7월) 2 꽃봉오리(6월) 3 열매(10월) : 붉은색 꽃받침이 싸고 있다가 익으면 벌어진다. 4 잎(6월)
5 어린가지와 겨울눈(4월) : 잎자국이 하트 모양이다.

마편초과 누리장나무속 | **누리장나무**

달걀형 잎몸은 잎끝이 길고, 뒷면 맥 위에 털이 있다. 잎가장자리는 밋밋하거나 뚜렷하지 않은 톱니가 있다. 연분홍색 꽃이 새가지 끝에서 겹취산꽃차례로 달리고, 둥근 열매는 남색으로 익는다. 식물 전체에서 누린내가 난다.

갈잎떨기나무

- 🌳 강원도 이남의 숲에 자생
- 🍃 마주나기
- 🍂 홑잎, 달걀형, 8~20cm
- 🌸 7~8월
- 🍎 9~10월

458

1 꽃(7월) 2 열매(10월) 3 잎(8월) 4 잎 뒷면(8월) 5 전체 모양(8월) : 키는 보통 50cm가 넘지 않는다.

갈잎떨기나무

- 🇰 바닷가에 자생
- 🌿 마주나기
- 🍃 홑잎, 달걀형, 2~5cm
- 🌸 7~9월
- 🍒 10~11월

마편초과 순비기나무속 | **순비기나무**

줄기가 길어지면 비스듬히 누워 자라고, 어린가지는 흰 털이 빽빽하다. 달걀형 잎몸은 두껍고, 양면에 잔털이 빽빽하다. 뒷면은 흰빛이 돌고, 잎가장자리는 밋밋하다. 보라색 꽃이 가지 끝에 모여 달리며, 간혹 흰 꽃이 피는 개체도 있다. 둥근 열매는 자주색으로 익는다.

1 꽃(7월) 2 꽃(7월) 3 열매(11월) : 둥글고 지름이 약 2mm다. 4 잎(5월) 5 나무껍질(2월) 6 전체 모양(2월).

마편초과 순비기나무속	**좀목형**	갈잎작은키나무

회색 나무껍질이 세로로 얕게 갈라진다. 잎은 작은
잎 다섯 장으로 구성된 손꼴겹잎이고, 간혹 세겹잎
이 달리며, 작은잎의 잎몸은 긴타원형이다. 뒷면에
잔털이 있으며, 잎가장자리에 큰 치아형 톱니가 발
달한다. 연한 보라색 꽃이 원추꽃차례로 달린다.

- 🇰 경기도 이남에 식재
- 🍃 마주나기
- 🌿 손꼴겹잎, 5~16cm
- ❀ 7~8월
- 🍂 9~10월

1 전체 모양(6월). **2** 잎(5월)

<table>
<tr><td colspan="2">갈잎떨기나무</td></tr>
</table>

- 강원도와 경상도, 전라남도에 자생
- 마주나기
- 홑잎, 달걀형, 약 1cm
- 6~8월
- 9월

꿀풀과 백리향속 | **백리향**

가지가 많이 갈라지고 옆으로 퍼지며, 키가 작아 마치 풀 같다. 달걀형 잎몸은 양면에 잔털이 있으며, 잎가장자리는 보통 밋밋하지만 간혹 톱니가 있다. 연분홍색 꽃이 잎겨드랑이와 가지 끝에 모여 피고, 둥근 열매는 갈색으로 익는다. 식물 전체에서 향기가 난다.

1 열매(9월) 2 열매(11월) 3 꽃(8월) 4 잎(8월) 5 새순(4월) 6 전체 모양(8월).

나무껍질은 회색이다. 어린가지는 털이 없고 간혹 가시가 있으며, 자라면서 밑으로 처진다. 달걀형 잎 몸은 양면에 털이 없고, 잎가장자리는 밋밋하다. 보라색 꽃 1~4송이가 잎겨드랑이에 모여 달린다. 고추를 닮은 타원형 열매는 붉은색으로 익는다.

갈잎떨기나무

- 전국에 자생 · 식재
- 어긋나기
- 홑잎, 달걀형, 2~6cm
- 6~9월
- 9~10월

1 꽃(5월) : 길이 5~6cm고 종 모양이다. 2 꽃(5월) 3 열매(12월) : 달걀형이고 익으면 벌어진다. 4 잎(5월)
5 나무껍질(5월) 6 참오동나무의 꽃(5월) : 안쪽에 점선이 있다.

갈잎큰키나무

- 🔲 울릉도에 자생,
  전국에 식재
- 🔳 마주나기
- 🔲 홑잎, 달걀형,
  15~30cm
- 🔲 5월
- 🔲 10월

현삼과 오동나무속 | 오동나무

나무껍질이 매끈하며, 어린가지에 털이 빽빽하다.
달걀형 잎몸은 보통 3~5개로 얕게 갈라지며, 잎아
래는 심장형이고 잎가장자리는 밋밋하다. 안쪽이
노란색을 띠는 보라색 꽃은 가지 끝에 원추꽃차례
로 달린다. 참오동나무는 꽃 안쪽에 짙은 보라색 점
선이 있다.

1 꽃(6월) 2 꽃(6월) 3 지난해 열매(3월). 4 잎(6월) : 잎가장자리는 밋밋하다. 5 나무껍질(5월) : 세로로 갈라진다.
6 꽃개오동의 꽃(6월) : 흰색이다.

능소화과 개오동속 | 개오동

잎몸은 원형에 가까운 달걀형이고, 보통 3~5개로
얕게 갈라진다. 잎아래는 심장형이며, 잎자루는 붉
은빛이 돈다. 연노란색 꽃은 안쪽 부분에 노란색 선
과 보라색 점이 있고, 가지 끝에 원추꽃차례로 달린
다. 콩깍지처럼 긴 열매는 익으면 벌어진다. 꽃개오
동은 흰 꽃이 핀다.

갈잎큰키나무

- 🌏 전국에 식재
- 🍃 마주나기
- 🍂 홑잎, 달걀형,
  10~25cm
- 🌼 6월
- 🍎 10월

1 꽃(7월) 2 꽃(7월) 3 잎(7월) 4 나무껍질(7월) : 세로로 벗겨진다.

갈잎덩굴나무

- 🗺 강원도 이남에 식재
- 🌿 마주나기
- 🍃 깃꼴겹잎, 12~20cm
- 📷 7~9월
- 🍂 10월

능소화과 능소화속 | **능소화**

가지에서 나온 뿌리가 다른 나무나 바위에 붙어 자란다. 깃꼴겹잎은 작은잎 7~9장으로 구성된다. 작은잎의 잎몸은 달걀형이고, 잎가장자리에 치아형 톱니와 털이 있다. 주황색 꽃은 가운데가 노란색이며, 5~15송이가 가지 끝에 처지는 원추꽃차례로 달린다. 열매는 익으면 두 개로 벌어진다.

1 꽃(8월) 2 잎(8월) 3 열매(10월) 4 나무껍질(10월)

구슬꽃나무 (중대가리나무)

어린가지에 잔털이 빽빽하다. 긴타원형 잎몸은 윤기가 나고 잎가장자리는 밋밋하며, 잎자루가 매우 짧다. 연분홍색 꽃이 가지 끝이나 잎겨드랑이에 두상꽃차례로 둥글게 달린다. 흰 수술이 꽃 밖으로 길게 나와 꽃이삭이 마치 성게 같다. 열매는 붉은색으로 익으며, 꽃받침잎이 남아 있다.

갈잎떨기나무

- 🇰 제주도에 자생
- 🍃 마주나기
- 🌿 홑잎, 긴타원형, 2~4cm
- ❀ 8~9월
- 🍂 10월

466

1 원예 품종의 꽃(6월). 2 열매(1월). 3 잎(1월). 4 나무껍질(12월). 5 전체 모양(12월).

늘푸른떨기나무

- 🗺 남부 지방에 식재
- 🌿 마주나기
- 🍃 홑잎, 긴타원형, 5~15cm
- 🌸 6~7월
- 🍂 9월

꼭두서니과 치자나무속 | **치자나무**

어린가지에 먼지 같은 털이 있다. 긴타원형 잎몸은 윤기가 나고, 잎가장자리는 밋밋하다. 흰 꽃은 한 송이씩 피고, 향기가 난다. 타원형 열매는 긴 꽃받침잎이 남아 있으며, 표면에 세로로 6~7개 능선이 있고, 노란색이나 주황색으로 익는다. 꽃치자는 겹꽃이 핀다.

1 꽃(6월) 2 꽃(6월) 3 잎(6월) 4 전체 모양(6월).

꼭두서니과 백정화속 | **백정화**

가지가 많이 갈라지고 퍼진다. 잎몸은 타원형이고 잎끝이 뾰족하며, 잎자루가 매우 짧다. 잎가장자리는 밋밋하다. 흰색이나 연분홍색 꽃이 잎겨드랑이에 달린다. 잎가장자리가 흰색인 원예 품종을 많이 심는다.

늘푸른떨기나무

- 남부 지방에 식재
- 마주나기
- 홑잎, 타원형, 1~2cm
- 5~6월
- 8~10월

1 꽃(7월) 2 꽃(8월) 3 열매(11월) 4 잎(11월)

갈잎덩굴나무

- 남부 지방에 자생
- 마주나기
- 홑잎, 달걀형,
  5~12cm
- 7~8월
- 9~10월

어린가지에 털이 있다. 달걀형 잎몸은 잎아래가 심장형이며, 뒷면에 털이 있고 잎가장자리는 밋밋하다. 흰 꽃은 표면에 털이 있으며, 잎겨드랑이에 원추꽃차례로 달린다. 둥근 열매는 누런색으로 익고, 세로줄이 있다. 식물 전체에서 불쾌한 냄새가 난다.

1 꽃(5월) : 황록색 꽃이 원추꽃차례에 달린다.　2 꽃자루(5월) : 뭉뚝한 돌기가 발달한다.　3 꽃(5월)
4 잎(5월) : 잎가장자리에 잔 톱니가 있다.　5 열매(7월) : 붉은색으로 익는다.　6 전체 모양(5월).
7 나무껍질(10월) : 보통 코르크층이 발달한다.

인동과 딱총나무속 | **딱총나무**

골속은 갈색이고 스펀지같이 부드럽다. 깃꼴겹잎은
작은잎 5~7장으로 구성된다. 암술머리는 노란색이
나 간혹 붉은색도 있다. 강원도에 자생하는 지렁쿠
나무는 암술머리가 노란색이며, 꽃자루에 끝이 뾰
족한 털이 있다. 덧나무는 암술머리가 붉은색이고,
말오줌나무는 꽃이삭이 처진다.

갈잎떨기나무

- 🌏 전국의 숲에 자생
  (제주도, 울릉도 제외)
- 🌿 마주나기
- 🍃 깃꼴겹잎, 12~20cm
- 📷 4~5월
- 🍒 7~9월

470

8 덧나무(4월) : 제주도에 자생한다.　9 덧나무의 꽃(4월) : 암술머리가 붉은색이고 꽃자루에 매우 짧은 돌기가 있다.
10 말오줌나무의 꽃(4월) : 암술머리는 보통 노란색이나 간혹 붉은색도 있고, 원추꽃차례가 커서 아래로 처진다.
11 말오줌나무의 전체 모양(4월) : 울릉도에 자생한다.

1 꽃(6월) 2 꽃(6월) 3 꽃(6월) : 흰색이다. 4 잎(8월) 5 잎(8월) : 작은잎이 3개로 갈라지기도 한다.
6 골속(8월) : 흰색으로 우리 나라에 자생하는 딱총나무속 나무는 갈색인 점과 식별된다.

| **미국딱총나무(캐나다딱총나무)**

나무껍질에 푹신한 코르크층이 발달한다. 깃꼴겹잎은 작은잎 5~9장으로 구성되며, 작은잎의 잎몸은 긴타원형이다. 뒷면은 흰색으로 털이 있고, 잎가장자리에 잔 톱니가 있다. 흰 꽃이 겹산형꽃차례에 달리며, 둥근 열매는 검은색으로 익는다.

갈잎떨기나무

- 🔲 전국에 식재
- 🔲 마주나기
- 🔲 깃꼴겹잎, 12~25cm
- 🔲 6~7월
- 🔲 9~10월

472

1 꽃봉오리(6월) 2 열매(9월) 3 잎(11월) 4 어린가지와 겨울눈(8월) : 잎자루가 굵다. 5 전체 모양(9월).

늘푸른작은키나무

- 남해안과 제주도에 자생 · 식생
- 마주나기
- 홑잎, 타원형, 6~18cm
- 6~7월
- 9월

인동과 가막살나무속 | **아왜나무**

어린가지는 붉은빛을 띠고, 골속은 갈색이다. 타원형 잎몸은 두껍고 윤기가 나며, 잎가장자리는 밋밋하거나 뚜렷하지 않은 톱니가 있다. 흰색이나 연분홍색 꽃이 가지 끝에 원추꽃차례로 달린다. 둥근 열매는 붉은색에서 검은색으로 익는다.

1 꽃(5월) 2 꽃(5월) : 꽃부리통(꽃잎 아래가 서로 붙어 통처럼 된 부분)이 두껍다. 3 꽃봉오리(4월)
4 열매(10월) 5 잎(5월)

인동과 가막살나무속 | **분꽃나무**

어린가지에 누런 털이 빽빽하고, 겨울눈은 맨눈이
다. 잎몸은 달걀형이고 잎아래는 심장형이며, 뒷면
에 털이 빽빽하다. 연분홍색 꽃이 겹취산꽃차례에
달린다. 납작한 타원형 열매는 검은색으로 익는다.
섬분꽃나무는 잎몸이 긴달걀형이고, 꽃부리통이 가
늘고 길다.

갈잎떨기나무

- 🗺 서해안 근처의 숲에
  자생
- 🌿 마주나기
- 🍃 홑잎, 달걀형, 4~6cm
- ☀ 4~5월
- 🍂 9~10월

474

6 꽃눈(10월) 7 잎눈(10월) 8 **섬분꽃나무**(5월) : 강원도와 충청북도, 경상북도의 숲에 자생한다.

1 꽃(6월) 2 꽃(6월) 3 어린 열매(6월). 4 잎(6월) : 뚜렷한 측맥이 여러 번 갈라진다.

인동과 가막살나무속 | **분단나무**

어린가지에 털이 빽빽하고, 골속은 흰색이다. 잎몸은 원형에 가까운 달걀형이고, 잎아래는 심장형이다. 뒷면에 털이 빽빽하고, 잎가장자리에 겹톱니가 있다. 흰 꽃은 가운데 작은 양성꽃이 있고 둘레에 큰 중성꽃이 있는 겹취산꽃차례에 달린다. 납작한 타원형 열매는 붉은색에서 검은색으로 익는다.

갈잎떨기나무

⬛ 제주도와 울릉도의 숲에 자생
🟦 마주나기
📋 홑잎, 달걀형, 8~20cm
◻ 5~6월
🟫 9~10월

1 꽃(5월) 2 꽃(5월): 수술이 꽃 밖으로 드러난다. 3 잎(5월) 4 어린 열매(7월). 5 잎겨드랑이(5월)
6 나무껍질(9월)

갈잎떨기나무

- 🇰 강원도 이남의 숲에 자생
- 🇳 마주나기
- 🇯 홑잎, 달걀형, 4~11cm
- ◎ 5월
- ◎ 9~10월

덜꿩나무

어린가지에 털이 빽빽하다. 달걀형 잎몸은 뒷면에 털이 빽빽하며, 더듬이처럼 생긴 턱잎이 두 장 있고, 잎가장자리에 뾰족한 톱니가 있다. 흰 꽃이 가지 끝에 겹산형꽃차례로 달린다. 달걀형 열매는 붉은색으로 익는다. 가막살나무와 산가막살나무는 턱잎이 없다.

1 꽃(6월) : 수술이 꽃 밖으로 드러난다. 2 어린가지와 겨울눈(11월). 3 나무껍질(11월) 4 전체 모양(6월).

인동과 가막살나무속 | **가막살나무**

갈잎떨기나무

- 🔲 강원도 이남의 숲에
  자생
- 🔳 마주나기
- 🔲 홑잎, 원형, 6~11cm
- ◉ 5~6월
- 🔳 9~10월

어린가지와 겨울눈에 털이 빽빽하다. 원형 잎몸은 뒷면에 털이 빽빽하며, 턱잎이 없고 잎가장자리에 뾰족한 톱니가 있다. 흰 꽃이 가지 끝에 겹산형꽃차례로 달리고, 달걀형 열매는 붉은색으로 익는다. 백두대간의 숲에 자생하는 산가막살나무는 어린가지와 겨울눈, 잎 뒷면에 털이 없거나 조금 있다.

5 열매(9월) 6 산가막살나무의 열매(10월). 7 잎(5월) 8 산가막살나무의 잎(5월). 9 잎겨드랑이(5월) : 턱잎이 없다.
10 산가막살나무의 꽃봉오리와 잎겨드랑이(5월): 잎겨드랑이에 턱잎이 없다.

1 꽃(5월) 2 꽃(5월) : 중성꽃이 한쪽으로 치우친 모양이다. 3 잎(5월) 4 나무껍질(5월) 5 전체 모양(5월).

원형에 가까운 타원형 잎몸은 주름이 지고, 뒷면에 털이 있다. 턱잎이 없고, 잎가장자리에 톱니가 있다. 흰 꽃은 가운데 작은 양성꽃이 있고 둘레에 큰 중성꽃이 있는 겹산형꽃차례에 달린다. 중성꽃의 꽃잎은 다섯 장이고, 이 중 한 장은 매우 작아 한쪽으로 치우친 모양이다. 둥근 열매는 검은색으로 익는다.

갈잎떨기나무

- 🏞 전국에 식재
- 🌿 마주나기
- 🍃 홑잎, 달걀형, 4~12cm
- ☀ 4~5월
- 🍂 8~9월

480

1 꽃(5월) **2** 열매(10월) **3** 잎(5월) : 잎몸은 보통 3개로 갈라지고, 잎가장자리에 드문드문 치아형 톱니가 있다.
4 잎자루(5월) : 샘이 2개 있다. **5** 전체 모양(5월). **6** 불두화의 꽃(5월) : 꽃이삭은 공처럼 생겼다.

갈잎떨기나무

- 🇰 전국의 숲에 자생
- 🇳 마주나기
- 🇦 홑잎, 달걀형,
  5~10cm
- 🇫 5~6월
- 🇫 9~10월

인동과 가막살나무속 | **백당나무**

어린가지에 털이 있고, 가지 끝에 표면이 끈적끈적한 가짜끝눈이 두 개 달린다. 흰 꽃은 가운데 작은 양성꽃이 있고 둘레에 큰 중성꽃이 있는 겹산형꽃차례에 달리고, 둥근 열매는 붉은색으로 익는다. 전국에 식재하는 불두화는 중성꽃만 달린다.

1 꽃(6월) 2 열매(11월) : 꽃받침잎이 끝까지 달려 있다. 3 잎(11월) 4 전체 모양(9월).

인동과 댕강나무속 | 꽃댕강나무

어린가지는 붉은색이고 털이 없다. 겨울에 잎이 대부분 떨어지지만, 가지 끝에 일부 남아 있기도 한다. 달걀형 잎몸은 윤기가 나며, 잎가장자리에 둔한 톱니가 있다. 흰색이나 연분홍색 꽃이 가지 끝에 모여 달리고, 꽃받침잎은 붉은색이다.

갈잎떨기나무

- 🇰 남부 지방에 식재
- 🔄 마주나기
- 🍃 홑잎, 달걀형, 2~5cm
- 🌸 6~10월
- 🍒 10~12월

1 꽃(6월)　2 잎(6월)　3 잎 뒷면(6월)　4 열매(11월)　5 나무껍질(6월) : 홈이 있다.　6 줄댕강나무의 꽃(5월).

갈잎떨기나무

- 🄵 평안도의 숲에 자생
- 🅜 마주나기
- 🄻 홑잎, 달걀형, 3~7cm
- 🄲 5~6월
- 🄹 9월

인동과 댕강나무속 | **댕강나무**

나무껍질에 홈이 여섯 줄 있고, 어린가지에 털이 있다. 잎몸은 달걀형이나 타원형이며, 잎가장자리는 밋밋하고 털이 있다. 연분홍색 꽃이 새가지 끝에 모여 피고, 한 꽃자루에 세 송이씩 달린다. 꽃의 길이는 1~1.7cm다. 줄댕강나무는 꽃이 작고 꽃부리통이 진분홍색이다.

1 꽃(5월) : 처음부터 끝까지 붉은색이며, 깔때기 모양이다. 2 꽃받침잎(4월) : 얕게 갈라진다. 3 어린 열매(8월).
4 잎(6월) 5 잎 뒷면(6월) : 주맥에 흰 털이 빽빽하다.

인동과 병꽃나무속 | **붉은병꽃나무**

타원형 잎몸은 뒷면 주맥에 흰 털이 빽빽하고, 잎가
장자리에 잔 톱니가 있다. 붉은 꽃은 꽃부리통이 길
고 잎겨드랑이에 달리며, 꽃받침잎은 얕게 갈라진
다. 열매는 익으면 두 개로 벌어진다. 흰병꽃나무는
흰 꽃이 피며, 강원도 깊은 숲에 자라는 소영도리나
무는 잎몸이 두껍고 양면에 털이 있다.

갈잎떨기나무

- 🅵 전국의 숲에 자생
- 🔲 마주나기
- 🗾 홑잎, 타원형,
  4~10cm
- ⚙ 4~5월
- 🍂 9~10월

6 겨울눈(12월) : 뾰족하고 곁눈은 안으로 굽는다.　7 전체 모양(5월).　8 **흰병꽃나무의 꽃(5월)** : 흰색이다.

1 꽃(4월) : 깔때기 모양이며, 처음 필 때는 연한 노란색이다.   2 꽃(4월) : 붉은색으로 변한다.
3 꽃받침잎(4월) : 깊게 갈라진다.   4 잎(5월)   5 열매(11월) : 익으면 2개로 벌어진다.   6 전체 모양(4월).

인동과 병꽃나무속 | 병꽃나무

타원형 잎몸은 뒷면에 전체적으로 털이 있지만 빽빽하게 모여 있지는 않으며, 잎가장자리에 잔 톱니가 있다. 연한 노란색 꽃이 잎겨드랑이에 달리고, 꽃받침잎은 깊게 갈라진다. 붉은병꽃나무와는 꽃색깔, 꽃받침잎이 갈라진 정도, 잎 뒷면에 털이 있는 모양으로 식별할 수 있다.

갈잎떨기나무

🌍 전국의 숲에 자생
   (주로 낮은 곳)
🌿 마주나기
🍃 홑잎, 타원형, 3~7cm
🌸 4월
🍂 9~10월

486

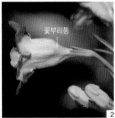

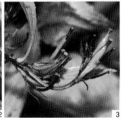

1 꽃(6월) 2 꽃(6월) : 꽃부리통이 급하게 넓어지며, 꽃받침잎은 깊게 갈라진다. 3 열매(11월) 4 잎(5월) : 윤기가 난다.

인동과 병꽃나무속 | **일본병꽃나무**

타원형 잎몸은 뒷면에 털이 거의 없고, 잎가장자리에 잔 톱니가 있다. 꽃은 흰색에서 연분홍색을 거쳐 붉은색으로 변하는 것, 처음부터 붉은색인 것 등 다양하다. 우리 나라에 자생하는 병꽃나무속 나무와 달리 잎몸이 비교적 크고 윤기가 나며, 꽃부리통이 급하게 넓어지는 점으로 식별할 수 있다.

인동속 식별하기

인동덩굴

붉은인동

꽃받침잎 —
포조각

작은포조각

괴불나무

꽃받침잎
작은포조각

포조각

구슬댕댕이

작은포조각

댕댕이나무

포조각

올괴불나무

길마가지나무

청괴불나무

왕괴불나무

인동속 나무의 꽃과 열매

검색표

1. 덩굴나무다.

  2. 꽃은 흰색에서 차츰 노란색으로 변하고, 꽃자루 밑의 잎은 합쳐지지 않는다. 열매는 검은색으로 익는다. -- 인동덩굴(492쪽)

  2. 꽃은 붉은색이고, 꽃자루 밑의 잎은 2장이 합쳐져 1장처럼 보인다. 열매는 붉은색으로 익는다. -- 붉은인동(493쪽)

1. 떨기나무다.

  3. 꽃은 잎보다 먼저 피거나 같이 피고, 작은포조각이 없다.

    4. 열매는 2개가 서로 떨어져 있다. 꽃은 연분홍색이고, 꽃잎은 5장이 모두 깊게 갈라지며, 꽃밥은 자주색이다. -- 올괴불나무(500쪽)

    4. 열매는 2개가 반 이상 붙어 있다. 꽃은 황백색이고, 꽃잎은 4장이 얕게, 1장이 깊게 갈라지며, 꽃밥은 노란색이다. -- 길마가지나무(498쪽)

  3. 꽃은 잎이 난 뒤에 피고, 작은포조각이 있다.

    5. 작은포조각이 합쳐져서 열매를 완전히 둘러싼다.

      6. 작은포조각이 육질로 열매가 익을 때까지 둘러싼다. 꽃이 종 모양이고, 짙은 자주색 열매는 흰 가루로 덮인다. 잎몸 길이는 보통 4cm 이하다. -- 댕댕이나무(496쪽)

      6. 작은포조각이 육질이 아니고, 열매가 익으면서 벗겨진다. 꽃이 종 모양이 아니고, 열매는 붉은색으로 익는다. 잎몸 길이는 보통 5cm 이상이다. -- 구슬댕댕이(496쪽)

5. 작은포조각이 열매를 완진히 둘러싸지 않는다.

　　7. 열매는 2개가 서로 떨어져 있다. 골속은 비었다.

　　　　8. 꽃자루가 짧고(2~4mm), 꽃받침잎이 크다(2~3mm).
　　　　　　 ―― 괴불나무(494쪽)

　　　　8. 꽃자루가 길고(15~30mm), 꽃받침잎이 작다(1mm 이하).
　　　　　　 ―― 각시괴불나무(494쪽)

　　7. 열매는 2개가 서로 붙어 있다. 골속은 흰색으로 차 있다.

　　　　9. 잎자루는 8~10mm다. 열매 2개가 반 이하가 붙어 있고, 눈비늘은
　　　　　 가지에서 일찍 떨어진다. ―― 왕괴불나무(501쪽)

　　　　9. 잎자루는 7mm 이하다. 열매 2개가 반 이상 붙어 있으며, 눈비늘이
　　　　　 가지에 오랫동안 남는다.

　　　　　　10. 잎 뒷면에 털이 없다. 꽃은 황백색이고 꽃잎이 4장이며, 꽃자루
　　　　　　　 가 짧다(4~5mm). ―― 청괴불나무(502쪽)

　　　　　　10. 잎 뒷면 주맥 위에 털이 많다. 꽃은 붉은색이고 꽃잎이 5장이
　　　　　　　 며, 꽃자루가 길다(10~20mm). ―― 홍괴불나무(502쪽)

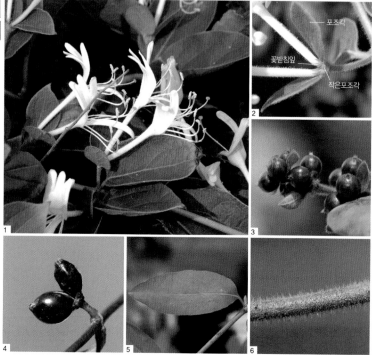

1 꽃(6월) : 꽃잎은 4장이 얕게, 1장이 깊게 갈라진다. 2 꽃(5월) : 포조각은 달걀형이고, 작은포조각은 매우 작다.
3 어린 열매(8월). 4 열매(11월) 5 잎(6월) 6 어린가지(12월) : 갈색이고 털이 있다.

인동과 인동속 | **인동덩굴**

골속이 비었다. 타원형 잎몸은 양면에 털이 있고, 잎가장자리는 밋밋하다. 겨울에 잎이 대부분 떨어지지만, 일부 남아 있기도 하다. 흰 꽃은 차츰 노란색으로 변하고, 잎겨드랑이에 두 송이씩 모여 핀다. 둥근 열매는 두 개가 같이 달리지만 서로 합쳐지지 않으며, 검은색으로 익는다.

갈잎덩굴나무

- 🗺 전국에 자생
- 🍃 마주나기
- 🌿 홑잎, 타원형, 3~8cm
- ❀ 5~7월
- 🍎 9~10월

1 꽃(7월) 2 꽃봉오리(8월) : 꽃자루 밑의 잎은 2장이 합쳐진다. 3 열매(11월) 4 잎(5월) 5 잎 뒷면(11월) : 흰색이다. 6 전체 모양(5월).

갈잎덩굴나무

- 🌍 전국에 식재
- 🌿 마주나기
- 🍃 홑잎, 타원형, 3~8cm
- ❁ 5~8월
- 🍂 9~10월

인동과 인동속 | **붉은인동**

어린가지에 털이 없으며, 골속이 비었다. 겨울에 잎이 대부분 떨어지지만, 일부 남아 있기도 하다. 타원형 잎몸은 양면에 털이 없으며, 잎가장자리는 밋밋하다. 붉은색 꽃은 안쪽이 노란색으로 가지 끝에 모여 달린다. 둥근 열매는 붉은색으로 익는다.

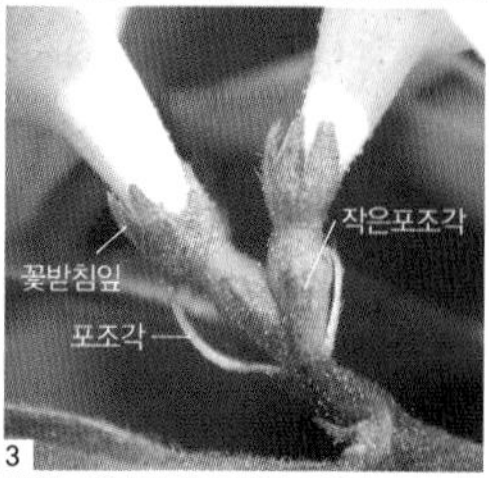

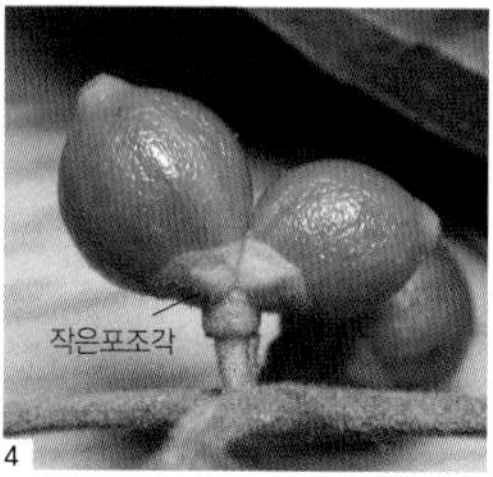

1 꽃(5월) 2 꽃(5월) : 꽃잎은 4장이 얕게, 1장이 깊게 갈라진다. 3 꽃(5월) 4 어린 열매(8월) : 2개가 같이 달리지만, 서로 합쳐지지 않는다. 5 열매(10월) : 붉은색으로 익는다. 6 골속(10월) : 비었다.

인동과 인동속 | **괴불나무**

달걀형 잎몸은 잎끝이 길고, 잎가장자리는 밋밋하다. 흰 꽃은 잎겨드랑이에 두 송이씩 모여 달리며, 꽃자루가 2~4mm다. 꽃받침잎의 길이는 2~3mm며 포조각은 선형이고, 작은포조각은 두 개가 밑 부분이 붙어 있다. 각시괴불나무는 꽃자루 길이가 15mm 이상이고, 꽃받침잎은 1mm 이하다.

갈잎떨기나무

- 백두대간의 숲에 자생
- 마주나기
- 홑잎, 달걀형, 4~10cm
- 5~6월
- 9~10월

7 어린가지와 겨울눈(11월). 8 나무껍질(11월) : 세로로 갈라진다. 9 전체 모양(5월).

1 꽃(5월) 2 꽃(5월) : 꽃잎은 4장이 얕게, 1장이 깊게 갈라진다. 3 어린 열매(6월) : 작은포조각이 합쳐져서 열매를 완전히 둘러싼다. 4 열매(11월) : 작은포조각은 열매가 익으면서 벗겨진다. 5 잎(10월) : 양면 맥 위에 털이 있다.

인동과 인동속 | **구슬댕댕이**

어린가지에 억센 털이 있고, 골속은 흰색이다. 잎몸은 달걀형이고, 잎가장자리는 밋밋하지만 간혹 톱니가 2~3쌍 있다. 노란 꽃이 잎겨드랑이와 가지 끝에 여러 송이씩 모여 핀다. 포조각은 크고 달걀형이며, 둥근 열매는 붉은색으로 익는다. 댕댕이나무는 꽃잎과 작은포조각의 모양이 다른 점으로 식별한다.

갈잎떨기나무

- 중부 이북의 석회암 지역에 자생
- 마주나기
- 홑잎, 달걀형, 5~10cm
- 5월
- 7~8월

포조각

작은포조각

8

작은포조각

9

6 어린가지와 겨울눈(10월).　7 나무껍질(3월)　8 댕댕이나무의 꽃(4월) : 꽃은 종 모양이고, 작은포조각이 육질이다.
9 댕댕이나무의 열매(7월) : 작은포조각이 열매가 익을 때까지 둘러싸고, 짙은 자주색 열매는 흰 가루로 덮인다.

1 꽃(3월) : 꽃밥이 노란색이다. 2 꽃(4월) : 꽃잎은 4장이며, 앝게 1장이 깊게 갈라진다.
3 꽃(4월) : 작은포조각이 없다. 4 열매(5월) : 2개가 반 이상 붙어 있다.

인동과 인동속 | **길마가지나무**

갈잎떨기나무

🇰 중부 지방 이남의 숲에 자생
🔖 마주나기
🍃 홑잎, 타원형, 3~7cm
📷 3~4월
🍒 5월

어린가지에 억센 털이 있고, 골속은 흰색이다. 타원형 잎몸은 뒷면에 털이 있으며, 잎가장자리는 밋밋하다. 황백색 꽃이 가지 끝에 두 송이씩 모여 달리며, 잎과 같이 핀다. 꽃밥은 노란색이고 포조각은 선형이며, 작은포조각은 없다. 둥근 열매는 두 개가 반 이상 붙어 있으며, 붉은색으로 익는다.

5 잎(11월) : 앞면 맥 위에 털이 있다. 6 어린가지와 겨울눈(11월) : 억센 털이 있다. 7 전체 모양(3월).

1 꽃(3월) 2 꽃(4월) : 꽃잎 5장이 모두 깊게 갈라진다. 3 열매(5월) : 2개가 같이 달리지만 서로 합쳐지지 않는다.
4 잎(5월) 5 골속(10월) : 흰색이다. 6 나무껍질(5월)

인동과 인동속 | **올괴불나무**

골속이 흰색이다. 타원형 잎몸은 양면에 털이 빽빽
하며, 잎가장자리는 밋밋하다. 연분홍색 꽃이 가지
끝에 두 송이씩 모여 달리며, 잎보다 먼저 핀다. 꽃
밥은 자주색이고 포조각은 선형이며, 작은포조각은
없다. 둥근 열매는 붉은색으로 익는다.

갈잎떨기나무

- 🗺 전국의 숲에 자생
- 🌿 마주나기
- 🍃 홑잎, 타원형, 3~7cm
- ❄ 3~4월
- 🔆 5월

1 꽃(6월) : 황백색 꽃이 잎겨드랑이에 2송이씩 모여 달린다. **2** 꽃(6월) : 꽃잎은 4장이 얕게, 1장이 깊게 갈라진다.
3 꽃(6월) : 꽃자루가 12~15mm로 길다. **4** 잎(6월) **5** 전체 모양(6월).

갈잎떨기나무

- 남부 지방의 숲에 자생
- 마주나기
- 홑잎, 타원형, 4~7cm
- 5~6월
- 7~8월

인동과 인동속 | 왕괴불나무

골속이 흰색이고, 겨울눈의 눈비늘은 가지에서 일찍 떨어진다. 타원형 잎몸은 뒷면에 털이 있으며, 잎가장자리는 밋밋하다. 포조각은 선형이며, 작은 포조각은 달걀형이고 두 개가 밑 부분이 붙어 있다. 둥근 열매는 두 개가 반 이하가 붙어 있으며, 붉은 색으로 익는다.

1 꽃(5월) 2 꽃(5월) : 꽃잎은 3장이 얕게, 1장이 깊게 갈라진다. 3 꽃(6월) : 포조각이 매우 작아서 없는 듯 보인다.
4 열매(10월) : 2개가 반 이상이 붙어 있고, 붉은색으로 익는다. 5 잎(10월)

작은포조각   포조각

인동과 인동속 | 청괴불나무

갈잎떨기나무

달걀형 잎몸은 양면에 털이 거의 없으며, 잎가장자리는 밋밋하다. 황백색 꽃은 차츰 연한 노란색으로 변하며, 잎겨드랑이에 두 송이씩 모여 핀다. 꽃자루는 4~5mm로 짧고, 작은포조각은 두 개가 합쳐진다. 홍괴불나무는 붉은 꽃이 피고 꽃잎이 다섯 장이며, 꽃자루가 10mm 이상이다.

- 백두대간의 숲에 자생
- 마주나기
- 홑잎, 타원형, 3~6cm
- 5~6월
- 8~9월

502

6 어린가지와 겨울눈(10월) : 어린가지는 털이 없고, 겨울눈은 뾰족하다. 7 어린가지(10월) : 겨울눈의 눈비늘은 기왓장 같으며, 가지에 오랫동안 남아 있다. 8 골속(10월) : 흰색이다. 9 나무껍질(11월)

1 전체 모양(5월). 2 수꽃(5월) 3 암꽃(4월) 4 열매(8월) 5 잎(10월) 6 어린가지(4월) : 가시가 있다.

백합과 청미래덩굴속 | **청미래덩굴**

줄기에 가시가 있다. 원형에 가까운 타원형 잎몸은 윤기가 난다. 굵은 잎맥은 보통 세 개 간혹 다섯 개며, 잎가장자리는 밋밋하다. 암수딴그루로 황록색 꽃이 잎겨드랑이에 산형꽃차례로 달리고, 꽃덮이는 여섯 장이다. 둥근 열매는 붉은색으로 익는다.

갈잎덩굴나무

- 🌳 전국의 숲에 자생
- 🍃 어긋나기
- 🌿 홑잎, 타원형, 3~12cm
- 🌸 4~5월
- 🍂 9~10월

1 열매(9월) 2 수꽃(6월) 3 잎(6월) 4 어린가지(12월) : 가시가 있다.

백합과 청미래덩굴속 | **청가시덩굴**

줄기에 가시가 있다. 달걀형 잎몸은 잎끝이 뾰족하다. 굵은 잎맥은 보통 다섯 개 간혹 일곱 개며, 잎가장자리는 밋밋하거나 뚜렷하지 않은 파도형 톱니가 있다. 암수딴그루로 황록색 꽃이 잎겨드랑이에 산형꽃차례로 달리고, 꽃덮이는 여섯 장이다. 둥근 열매는 검은색으로 익는다.

포조각

1 전체 모양(12월). 2 잎(10월) : 잎가장자리는 밋밋해 보이지만, 자세히 보면 잔 톱니가 있다. 3 꽃(5월) : 아랫부분이
자주색 포조각으로 싸여 있고, 꽃자루는 털이 있다.

벼과 조릿대속 | 조릿대

줄기는 녹색이며, 마디가 발달한다. 잎몸은 피침형
이고, 잎아래가 줄기를 싸는 부분에 털이 많다. 꽃은
2~5송이가 모여 달려 한 송이처럼 보인다. 제주조릿
대는 제주도에 자생하며, 잎아래가 줄기를 싸는 부
분에 털이 거의 없다. 섬조릿대는 울릉도에 자생하
며, 가지가 원줄기의 중간 윗부분에서 갈라진다.

늘푸른떨기나무

- 전국의 숲에 자생
  (제주도와 울릉도 제외)
- 어긋나기
- 홑잎, 피침형,
  10~25cm
- 4~5월
- 5~6월

찾아보기

 과와 속으로 찾기

이름으로 찾기